高等院校电子信息类“十三五”规划教材

电工技术实验

主　编　李文联　李　杨　李　凯

西安电子科技大学出版社

内 容 简 介

本书是根据当前高等学校电工技术实验教学的需要编写而成的。全书包括三部分内容：第一部分为电工技术实验基础知识，第二部分为电工技术基础性实验，第三部分为电工技术设计和研究性实验。

本书可作为高等学校电子信息工程、通信工程、电子科学与技术、自动化、机械电子工程等理工科相关专业本科和高职、高专学生电工技术实验的教材或参考用书。

图书在版编目(CIP)数据

电工技术实验/李文联，李杨，李凯主编. —西安：西安电子科技大学出版社，2017.12

高等院校电子信息类“十三五”规划教材

ISBN 978-7-5606-4741-8

Ⅰ. ①电… Ⅱ. ①李… ②李… ③李… Ⅲ. ①电工技术—实验—高等学校—教材

Ⅳ. ①TM—33

中国版本图书馆 CIP 数据核字(2017)第 274425 号

策　　划　杨丕勇

责任编辑　杨　薇　杨丕勇

出版发行　西安电子科技大学出版社(西安市太白南路 2 号)

电　　话　(029)88242885　88201467　　邮　　编　710071

网　　址　www.xduph.com　　电子邮箱　xdupfxb001@163.com

经　　销　新华书店

印刷单位　陕西利达印务有限责任公司

版　　次　2017 年 12 月第 1 版　2017 年 12 月第 1 次印刷

开　　本　787 毫米×1092 毫米　1/16　印张　5.5

字　　数　123 千字

印　　数　1～2000 册

定　　价　18.00 元

ISBN 978-7-5606-4741-8/TM

XDUP　5033001-1

前　言

本书是根据当前高等学校的电工技术实验教学的需要编写而成的。

编写本书的目的是为实验指导教师提供一个参考，使他们在开设实验项目时有所借鉴。因此，指导教师应结合各校的教学及实验要求选用合适的项目和内容或在此基础上设计自己的实验。

本书由湖北文理学院组织编写，主编为李文联、李杨、李凯(襄阳职业技术学院)，参加编写的还有吴学军、胡晗、刘向阳、沈鸿星(襄阳职业技术学院)、燕鸿(襄阳技师学院)、蔡兵、孙艳玲、吴何畏、王正强、王培元、李敏(湖北文理学院理工学院)等。

本书参考了许多同仁的编写经验和资料，在此向参考文献中的所有作者表示感谢。限于编者的水平，本书一定还存在着许多问题和错误。恳请广大读者和专家、学者批评指正，以便再版时得以修正和完善，在此向您致谢！

作　者

2017 年 7 月

目 录

第一部分　电工技术实验基础知识

随着科学技术的发展，电工技术在各个科学领域中都得到了广泛的应用，掌握电工技术方面的基本知识、基本理论和基本技能对于学生的应用能力培养是非常必要的。“电工技术实验”是配合“电工技术”课程而开设的一门实践性很强的技术基础课程，在学习电工技术中不仅要掌握电工技术的基本原理和基本方法，更重要的是学会实际应用。因此，在教学中需要配有一定数量的实验，才能掌握电工技术的基本内容，从而有效地提高自身理论联系实际和解决实际问题的能力。

一、实验的基本过程

实验的基本过程应包括确定实验内容，选定最佳的实验方法和实验线路，拟出较好的实验步骤，合理选择仪器设备和元器件，进行连接安装、调试和测试，最后写出完整的实验报告。

在进行电工技术实验时，应充分掌握电路的形式和工作原理。在完成每一个实验时，应做好实验预习、实验记录和实验报告等环节。

（一）实验预习

认真预习是做好实验的关键，预习好坏，不仅关系到实验能否顺利进行，而且直接影响实验效果。预习应参照本教材的原理说明，认真复习有关实验的基本原理，掌握相关器件使用方法，对如何着手实验做到心中有数。通过预习还应做好实验前的准备，写出一份预习报告，其内容包括：

（1）绘出设计好的实验电路图，并在图上标出器件型号、使用的引脚号及元件参数，必要时还须用文字说明。

（2）拟定实验方法和步骤。

（3）拟好记录实验数据的表格和波形坐标。

（4）列出元器件清单。

（二）实验记录

实验记录是实验过程中获得的第一手资料，测试过程中所测试的数据和波形应和理论基本一致，记录必须清楚、合理、正确，若不正确，则要现场及时重复测试，找出原因。实验记录应包括如下内容：

（1）实验任务、名称及内容。

（2）实验数据、波形以及实验中出现的现象，从记录中应能初步判断实验的正确性。

（3）记录波形时，应注意输入、输出波形的时间相位关系，在坐标中上下对齐。

（4）实验中实际使用的仪器型号和编号以及元器件的使用情况。

（5）实验报告。

其中，编写实验报告是培养学生科学实验的总结能力和分析思维能力的有效手段，也是一项重要的基本功训练，它能很好地巩固实验成果，加深对基本理论的认识和理解。

实验报告是一份技术总结，要求文字简洁，内容清楚，图表工整。报告内容应包括实验目的、实验内容和结果、实验使用仪器和元器件以及分析讨论等，其中实验内容和结果是报告的主要部分，它应包括实际完成的全部实验，且应按实验任务逐个书写，每个实验任务应有如下内容：

① 实验课题的方框图或电路图以及文字说明等。对于设计性课题，还应有整个设计过程和关键的设计技巧说明。

② 原始的实验记录和经过整理的数据、表格、曲线和波形图。其中表格、曲线和波形图应充分利用专用实验报告简易坐标格，并用三角板、曲线板等工具描绘，力求画得准确，不得随手画出示意图。

③ 实验结果分析、讨论及结论。对于讨论的范围，没有严格要求，一般应对重要的实验现象、结论加以讨论，以使进一步加深理解。此外，对实验中的异常现象，可作一些简要说明；实验中有何收获，可谈一些心得体会。

（三）实验规则

(1) 严禁带电接线、拆线或改接线路。

(2) 接线完毕后，要认真复查，确认无误后，经教师同意，方可接通电源进行实验。

(3) 实验过程中如果发生事故，应立即关断电源，保持现场，报告指导教师。

(4) 实验完毕后，先由本人检查实验数据是否符合要求，然后再请教师检查，经教师认可后才可拆线，并将实验器材整理好。

(5) 实验室内仪器设备不准任意调换，非本次实验所用的仪器设备，未经教师允许不得动用。未弄懂仪表、仪器及设备的使用方法前，不得贸然使用。若损坏仪器设备，则必须立即报告教师，作书面检查，责任事故要酌情赔偿。

(6) 要以严肃认真的态度对待实验，保持安静、整洁的学习环境。

（四）使用设备的一般方法

(1) 了解设备的名称、用途、铭牌规格、额定值及面板旋钮情况。

(2) 了解清楚设备的使用极限值。

① 要注意设备最大允许的输出值，如调压器、稳压电源有最大输出电流限制；电机有最大输出功率限制；信号有最大输出功率及最大信号电流限制。

② 要注意测量仪表仪器最大允许的输入量。如电流表、电压表和功率表要注意最大的电流值或电压值。万用表、数字万用表、数字频率计、示波器等的输入端都规定有最大允许的输入值，不得超过，否则会损坏设备。多量程仪表(如万用表)要正确使用量程，千万不可用欧姆表测电压，或用电流挡测电压。

(3) 了解设备面板上各旋钮的作用。使用时各旋钮应放在正确位置，禁止乱拨动旋钮。

(4) 正式使用设备时须判断设备是否正常工作。有自校的可通过自校信号对设备进行检查，如示波器有自校正弦波或方波，频率计有自校标准频率。

二、安全用电的基本知识

安全用电知识是关于如何预防用电事故及保障人身、设备安全的知识。在电子设备的安装调试中，要使用各种工具、电子仪器等设备，同时还要接触危险的高电压，如果不掌握必要的安全用电知识，缺乏足够的警惕，就可能发生人身、设备事故。因此，必须在熟悉触电对人体的危害和触电原因的基础上，了解一些安全用电知识，做到防患于未然。

（一）触电对人体的危害

触电是从事电类工作时，时刻需要警惕的危险事件。触电是电流的能量直接作用于人体或转换成其他形式的能量作用于人体所造成的伤害。触电对人体的危害主要有电伤和电击两种。

1. 电伤和电击

1）电伤

电伤是由于发生触电而导致的人体外表的创伤，通常有以下三种。

（1）灼伤。这是由于电的热效应而灼伤人体皮肤、皮下组织 、肌肉，甚至神经。灼伤会引起皮肤发红、起泡、烧焦、坏死。

（2）电烙伤。电烙伤是由电流的机械和化学效应造成人体触电部位的外部创伤，通常表现为皮肤表面的肿块。

（3）皮肤金属化。皮肤金属化是由于带电体金属通过在触电点蒸发进入人体造成的，局部皮肤呈现相应金属的特殊颜色的现象。

2）电击

电击是指电流流过人体，严重影响人体心脏、呼吸和神经系统，造成肌肉痉挛(抽筋)、神经紊乱，导致呼吸停止、心脏室性纤颤，严重危害生命的触电事故。电伤对人体造成的危害一般是非致命性的，真正危害人体生命的是电击。

2. 影响触电危险程度的因素

1）电流的大小

人体内存在生物电流，一定限度之内的电流不会对人造成损伤。一些电疗仪器就是利用电流刺激达到治疗的目的。但若流过人体的电流达到一定程度，就有可能危及生命。

2）电流的种类

不同种类的电流对人体的损伤也有所不同。直流电一般引起电伤，而交流电则可能同时引发电伤与电击，特别是 40 Hz～100 Hz 交流电对人体最危险。而人们日常使用的工频市电(50 Hz)正是在这个危险频段。当交流电频率达到 20 kHz 时对人体危害很小，用于理疗的一些仪器采用的就是这个频段。危险频段的交流电其不同电流大小对人体的作用如表 1-2-1所列。

表 1-2-1　交流电对人体的作用

电流/mA	对人体的作用
＜0.7	无感觉
1	有轻微感觉
1～3	有刺激感，一般电疗仪取此电流
3～10	感到痛苦，但可自行摆脱
10～30	引起肌肉痉挛，短时间无危险，长时间有危险
30～50	强烈痉挛，时间超过 60 s 即有生命危险
50～250	产生心脏室性纤颤，丧失知觉，严重危害生命
＞250	短时间内(1 s 以上)造成心脏骤停，体内造成电灼伤

3）电流作用时间

电流对人体的伤害与作用时间密切相关。可以用电流时间乘积(又称电击强度)来表示电流对人体的危害。触电保护器的一个主要指标就是额定断开时间与电流乘积小于 30 mA·s，实际产品可以达到小于 3 mA·s，故可有效防止触电事故。

4）电流的途径

如果电流不经过人体的脑、心、肺等重要部位，则除了电击强度较大时可造成内部烧伤外，一般不会危及生命。但如果电流流经上述部位，就会造成严重的后果。这是由于电击会使神经系统麻痹而造成心脏停搏，呼吸停止。例如，电流从一只手到另一只手，或由手流到脚，就是这种情况。

5）人体的电阻

人体是个阻值不确定的电阻。皮肤干燥时人体的电阻可呈现 100 kΩ 以上，而一旦潮湿，电阻可降到 1 kΩ 以下。我们平常所说的安全电压 36 V，就是对人体皮肤干燥时而言的，倘若用湿手接触 36 V 电压，同样会受到电击。

人体还是一个非线性电阻，随着电压的升高，电阻值减小。

（二）触电原因

人体触电的主要原因有直接、间接接触带电体以及跨步电压，直接触电又可分为单相触电和双相触电两种。

1. 直接触电

1）单相触电

一般工作和生活场所的供电系统为 380/220 V 中性点接地系统，当处于地电位的人体接触带电设备或线路中的某一相导体时，一相电流通过人体经大地回到中性点，人体承受

相电压。这种触电形式称为单相触电，如图 1-2-1 所示。

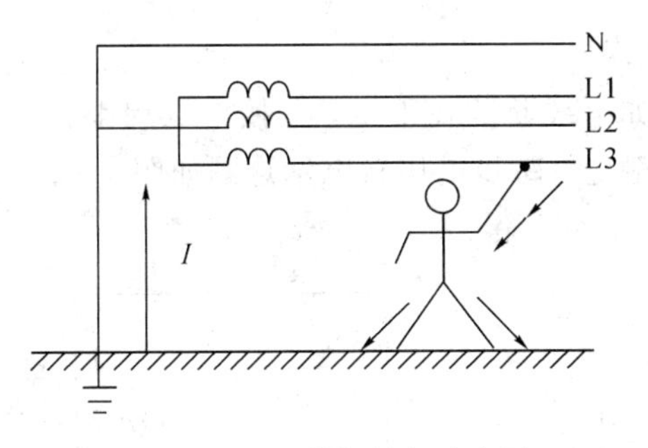

图 1-2-1　单相触电示意图

由于电源插座安装错误以及电源导线绝缘损伤而导致金属外露时，极易引起单相接触触电。图 1-2-2 所示的是有人在实验室用自耦调压器取得低电压做实验而发生触电的示例。分析电原理图可以看出，触电原因是错误地将端点 2 接到了电源相线 L 上，而端点 1 接到零线 N 上，从而导致 3、4 端电压只有十几伏，但 4 端对地的电压却高达 220 V，那么，一旦碰到与 4 端相连的元器件或印制导线，自然免不了触电。

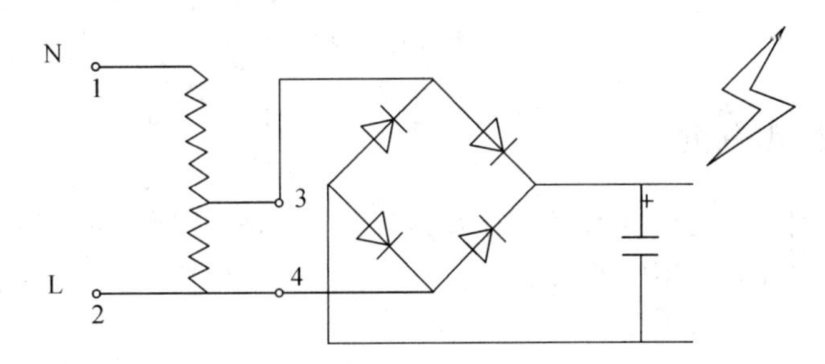

图 1-2-2　错误使用自耦调压器的电路

2）双相触电

人体同时接触电网的两根相线，电流从一相导体通过人体流入另一相导体从而发生触电，这种触电形式称为双相触电，如图 1-2-3 所示。双相触电时人体承受的电压很高（380 V），而且一般保护措施不起作用，因而危险极大。

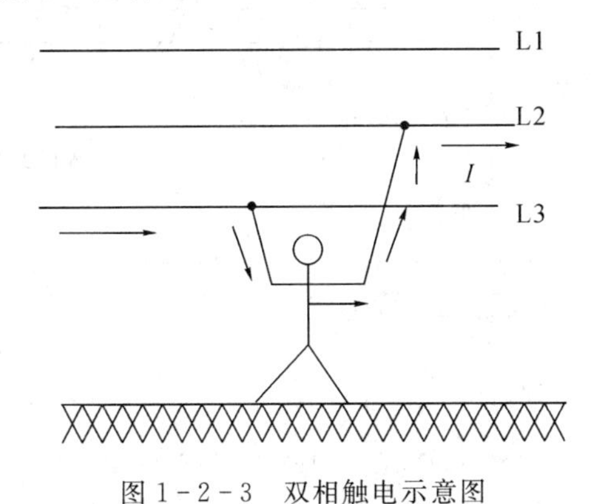

图 1-2-3　双相触电示意图

2. 间接触电

间接触电是指电气设备已断开电源，但由于设备中高压大容量电容的存在而导致在接触设备某些部分时发生的触电，这类触电有一定危险，容易被忽视，因此要特别注意。

3. 跨步电压引起的触电

在故障设备附近，例如电线断落在地上，在接地点周围存在电场，当人走进这一区域时，将因跨步电压而使人触电。跨步电压触电示意图如图 1-2-4 所示。

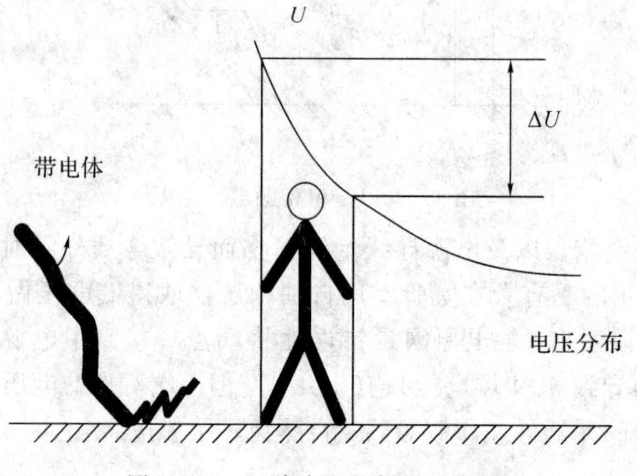

图 1-2-4　跨步电压触电示意图

（三）用电安全技术简介

实践证明，采用用电安全技术可以有效预防电气事故。因此，我们需要了解并正确运用这些技术，不断提高安全用电的水平。

1. 保护接地

在没有中性点接地的三相三线制电力系统中，把电气设备的金属外壳与大地连接起来，称为保护接地，如图 1-2-5 所示。在设备外壳不接地的情况下，当一相碰壳时，人触及设备外壳，接地电流 I_d 将通过人体和电网对地绝缘电阻形成回路，对人就构成了单相触电，如图 1-2-5(a)所示。

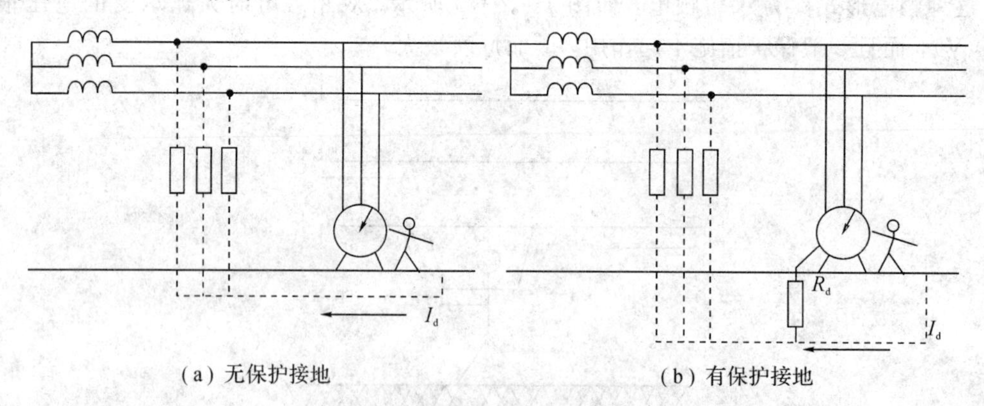

图 1-2-5　保护接地原理图

当采用保护接地时，如图 1-2-5(b)所示，漏电设备对地电压主要取决于保护接地电阻 R_d 的大小，由于 $R_d < R_r$，则大部分电流经过接地装置入地，此时流经人体的电流很小，对人比较安全。

2. 保护接零

在中性点接地的系统中，为防止触电事故的发生，可将电气设备的外壳接至该网络中的零线上，如图 1－2－6 所示。当设备某一相带电部分与金属外壳相碰(或漏电)时，通过设备的外壳形成该相对零线的单相短路，短路电流 I_d 能促使线路上保护装置(如熔断器 FU)迅速动作，从而把故障部分断开电源，消除触电危险。

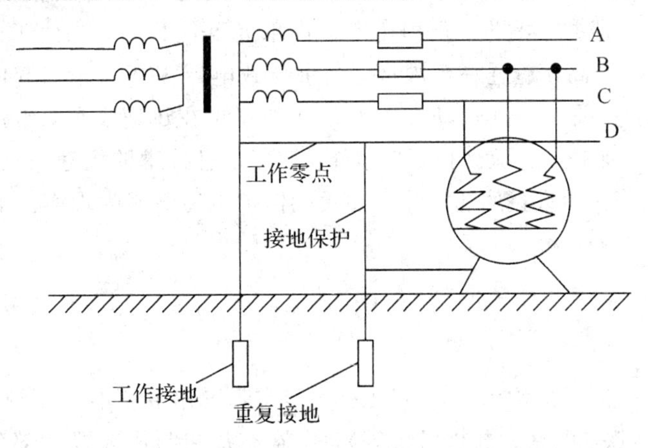

图 1－2－6　保护接零示意图

为保证保护接零的可靠性，在零线上不能接熔断器。同时为防止零线断线而使保护接零失去作用，在保护接零的同时还要进行重复接地，即将零线上的一处或多处通过接地装置与大地再次连接起来，如图 1－2－6 中所示。

3. 漏电保护开关

漏电保护开关也叫触电保护开关，是一种切断型保护安全技术，它比接地保护和接零保护更灵敏、更有效。

漏电保护开关有电压型和电流型两种，其工作原理有共同性，即都可把它看做是一种灵敏继电器，如图 1－2－7 所示，检测器 JC 控制开关 S 的通断。对电压型而言，JC 检测用电器对地电压；对电流型则检测漏电流。超过安全值 JC 即控制 S 动作来切断电源。

由于电压型漏电保护开关安装较复杂，因此目前发展较快、使用较广泛的是电流型漏电保护开关，它不仅能防止人触电而且能防止漏电造成火灾，既可用于中性点接地系统，也能用于中性点不接地系统，既可单独使用，也可与接地保护、接零保护同时使用，而且安装方便，值得大力推广。

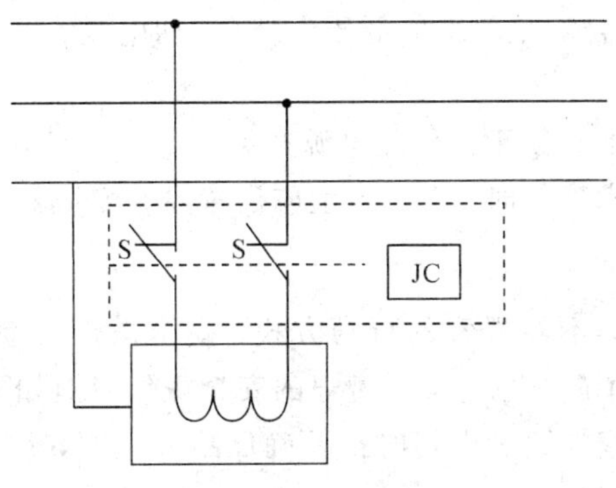

图 1－2－7　漏电保护开关

按国家标准规定，电流型漏电保护开关的电流时间乘积小于等于 30 mA·s。实际产品额定动作电流一般为 30 mA，动作时间为 0.1 s。如果是在潮湿等恶劣环境下，可选取动作电流更小的规格。

4. 其他

上述接地、接零保护以及漏电开关保护主要是解决电器外壳漏电及意外触电问题，另有一类故障表现为电器并不漏电，但由于电器内部元器件故障，或由于电网电压升高引起电器电流增大，温度升高，超过一定限度，结果导致电器损坏甚至引起电器火灾等严重事故。对这一种故障，目前有一种自动保护元件和装置正在迅速发展，常用的这种元件和装置有过压保护、温度保护、过流保护等。另外，随着信息技术的飞速发展，传感器技术、计算机技术及自动化技术的日益完善，综合性智能保护也逐渐成为现实。

（四）安全知识

1. 人身安全

尽管电子装接工作通常称为“弱电”工作，但实际工作中免不了接触“强电”。一般常用电动工具（例如电烙铁、电钻、电热风机等）、仪器设备和制作装置大部分需要接市电才能工作，因此用电安全是电子装接工作的首要条件。

1）安全用电观念

用电时，侥幸心理万万不可有，必须牢固树立安全用电意识，并使之贯穿于工作的全过程。任何制度、任何措施，都是由人来贯彻执行的，因此，忽视安全是最危险的隐患。

2）安全措施

预防触电的措施很多，这里提出的几条措施都是最基本的安全保障。

(1) 对于正常情况下的带电部分一定要加绝缘防护，并且置于不容易被人触碰到的地方，例如输电线、配电盘、电源板等。

(2) 所有金属外壳的用电器及配电装置都应该装设接地保护或接零保护。对目前大多数工作生活用电系统而言，应装设接零保护。

(3) 在所有使用市电的场所装设漏电保护开关。

(4) 随时检查所有电器插头、电线，发现破损老化应及时更换。

(5) 手持电动工具应尽量使用安全电压工作。我国规定常用电压为 36 V 或 24 V，特别危险场所用 12 V。使用符合安全要求的低压电器（包括电线、电源插座、开关、电动工具、仪器仪表等）。

(6) 工作室或工作台上有便于操作的电源开关。

(7) 从事电力电子技术工作时，工作台上应设置隔离变压器。

3）安全操作习惯

习惯是一种下意识的、不经思索的行为方式，安全操作习惯可以通过培养逐步形成，并使操作者终身受益。为了防止触电，应遵守的安全操作习惯如下：

(1) 在任何情况下检修电路和电器时都要确保断开电源，仅仅断开设备上的开关是不够的，还要拔下插头。

(2) 不要用湿手开、关、插、拔电器。

(3) 遇到不明情况的电线先认为它是带电的。

(4) 尽量单手进行电工作业。

(5) 不在疲倦、带病等不良身体状态下从事电工作业。

(6) 遇到较大体积的电容器先进行放电，再进行检修。

(7) 在触及电路的任何金属部分之前都应进行安全测试。

在电子装接工作中，除了注意用电安全外，还要防止机械损伤和烫伤，相应的安全操作习惯如下：

(1) 用剪线钳剪断小导线(如去掉焊好的过长元器件引线)时，要让导线飞出方向朝着工作台或空地，绝不可朝向人或设备。

(2) 用螺丝刀拧紧螺钉时，另一只手不要握在螺丝刀刀口方向。

(3) 烙铁头在未脱离电源时，不能用手碰触以免烫伤。

(4) 烙铁头上多余的锡不要乱甩。

(5) 在通电状态下不要碰触发热的电子元器件(如变压器、功率器件、电阻、散热片等)，以免烫伤。

2. 设备安全

在电子工艺实训中，需要用到一些电子仪器(有时用到的电子仪器非常昂贵)，因此，除了要特别注意人身安全外，设备安全也不容忽视。

1) 设备接电前检查

将用电设备接入电源前，必须注意用电器不一定都是接 AC220V/50Hz 电源。我国市电标准为 AC220V/50Hz，但是世界上不同国家的标准电压是不一样的，有 AC110 V、AC115 V、AC127 V、AC225 V、AC230 V、AC240 V 等电压，电源频率有 50Hz/60Hz 两种。

另外，环境电源输出不一定都是 220 V，特别是工厂、企业、科研院所等有些地方需要 AC380 V 或 AC36 V，此外还有一些地方需要 DC12 V。因此，建议设备接电前要进行如下“三查”：

(1) 查设备铭牌。依照国家标准，设备都应在醒目处(如铭牌)标识该设备所要求的电源电压、频率、电源容量；小型设备的说明也可能在说明书中。

(2) 查环境电源。检查环境电源的电压、容量是否与设备吻合。

(3) 查设备本身。检查设备的电源线是否完好，外壳是否可能带电，一般用万用表进行检查。

2) 设备使用异常的处理

(1) 用电设备在使用中可能发生的异常情况有如下几种：

① 设备外壳或手持部位有麻电感觉。

② 开机或使用中熔断丝烧断。

③ 出现异常声音，如噪声加大、有内部放电声、电机转动声音异常等。

④ 散发出异味，最常见的是塑料味、绝缘漆挥发出的气味，甚至烧焦的气味。

⑤ 机内打火，出现烟雾。

⑥ 仪表指示超范围。有些指示仪表数值突变，超出正常范围。

(2) 异常情况的处理办法。

① 凡遇上述异常情况之一，应尽快断开电源，拔下电源插头，对设备进行检修。

② 对烧断熔断丝的情况，不允许换上大容量熔断器工作，一定要查清原因再换上同规格熔断器。

③ 及时记录异常现象及部位，避免检修时再通电。

④ 对有麻电感觉但尚未造成触电的现象不可忽视，这种情况往往是绝缘保护部分未完全损坏，必须及时检修；否则随着时间推移，绝缘部分逐渐完全破坏，危险增大。

3. 触电急救与电气消防

1) 触电急救

发生触电事故，千万不要惊慌失措，必须用最快的速度使触电者脱离电源。要记住当触电者未脱离电源前本身就是带电体，盲目施救同样会使抢救者触电。一旦发现有人触电，应立即按以下步骤施救：

(1) 必须让触电者迅速脱离电源，最有效的措施是拉闸或拔出电源插头。如果不能及时找到电源插头或电闸，则可用绝缘物(如带绝缘柄的工具、木棒、塑料管等)移开或切断电源线。动作要迅速且应注意不要使自己触电。

(2) 脱离电源后，将触电者迅速移到通风干燥的地方仰卧，松开其上衣和裤带，观察触电者是否有呼吸；摸一摸脖子上的动脉，确认触电者是否有脉搏。

(3) 实施急救。若触电者呼吸、心跳均停止，应交替进行口对口人工呼吸和心脏按压，并打电话呼叫救护车。

(4) 尽快送往医院，运送途中不可停止自行施救。

切记：

- 切勿用潮湿的工具或金属物去拨电线。
- 触电者未脱离电源前，切勿用手抓碰触电者。
- 切勿用潮湿的物件搬动触电者。

2) 电气消防

火灾是严重危害人们生命和财产安全的重大灾害，随着现代电气化的日益发展，在火灾总数中，电气火灾所占的比例不断上升。因此，在电子工艺实训中，应注意以下几点，预防电气火灾的发生。

(1) 发现电子装备、电气设备、电缆等冒烟起火，要尽快切断电源。

(2) 灭火时应使用沙土、二氧化碳或四氯化碳等不导电灭火介质，忌用泡沫或水进行灭火。

(3) 灭火时不可用身体或灭火工具触及导线和电气设备。

(4) 迅速拨打“119”电话报警。

三、实验操作规范和常见故障检查方法

1. 实验操作规范

实验操作的正确与否对实验结果影响甚大。因此，实验者在实验过程中需要注意以下

规程：

（1）搭接实验电路前，应对仪器设备进行必要的检查校准，对所用集成电路进行功能测试。

（2）搭接电路时，应遵循正确的布线原则和操作步骤（即要按照“先接线后通电”，做完后“先断电再拆线”的步骤）。

（3）掌握科学的调试方法，有效地分析并检查故障，以确保电路工作稳定可靠。

（4）仔细观察实验现象，完整准确地记录实验数据并与理论值进行比较分析。

（5）实验完毕，经指导教师同意后，可关断电源，拆除连线，整理好放在实验箱内，并将实验台清理干净。

2. 布线原则

布线应便于检查、排除故障和更换器件。

在实验中，由错误布线引起的故障占很大的比例。布线错误不仅会引起电路故障，严重时甚至会损坏器件，因此，注意布线的合理性和科学性是十分重要的，正确的布线原则大致有以下几点：

（1）接插集成电路时，先校准两排引脚，使之与实验底板上的插孔对应，轻轻用力将电路插上，然后在确定引脚与插孔完全吻合后，再稍用力将其插紧，以免集成电路的引脚弯曲、折断或者接触不良。

（2）不允许将集成电路方向插反，一般集成电路的方向是缺口（或标记）朝左，引脚序号从左下方的第一个引脚开始，按逆时钟方向依次递增至左上方的第一个引脚。

（3）导线应粗细适当，一般选取直径为0.6～0.8 mm的单股导线，最好采用各种色线以区别不同用途，如电源线用红色，地线用黑色等。

（4）布线应有秩序地进行，随意乱接容易造成漏接错接，较好的方法是先接好固定电平点，如电源线、地线、门电路闲置输入端、触发器异步置位复位端等，其次，再按信号源的顺序从输入到输出依次布线。

（5）连线应避免过长，避免从集成元件上方跨接，避免过多的重叠交错，以利于布线、更换元器件以及故障检查和排除。

（6）当实验电路的规模较大时，应注意集成元器件的合理布局，以便得到最佳布线方案。布线时，应顺便对单个集成元件进行功能测试，这是一种良好的实验习惯，而且这样做实际上并不会增加布线工作量。

（7）应当指出，布线和调试工作是不能完全分开的，往往需要交替进行。对大规模的实验电路，其元器件较多，可将总电路按其功能划分为若干个相对独立的部分，逐个布线、调试（分调），然后将各部分连接起来调试（联调）。

3. 故障检查

实验中，如果电路不能完成预定的逻辑功能时，就称电路有故障，产生故障的原因大致可以归纳为以下四个方面：

（1）操作不当，如布线错误等；

（2）设计不当，如电路出现险象等；

（3）元器件使用不当或功能不正常；

(4) 仪器(主要指数字电路实验箱)和集成元件本身出现故障。

因此，基于上述电路故障的四个方面，介绍如下几种常见的故障检查方法。

1) 查线法

由于实验中大部分故障都是由于布线错误引起的，因此，在故障发生时，复查电路连线为排除故障的有效方法。应着重检查有无漏线、错线，导线与插孔接触是否可靠，集成电路是否插牢、集成电路是否插反等。

2) 观察法

用万用表直接测量各集成块的 V_{CC} 端是否加上电源电压；输入信号、时钟脉冲等是否加到实验电路上，观察输出端有无反应。重复测试观察故障现象，然后对某一故障状态，用万用表测试各输入/输出端的直流电平，从而判断出是否是插座板、集成块引脚连接线等原因造成的故障。

3) 信号注入法

在电路的每一级输入端加上特定信号，观察该级输出响应，从而确定该级是否有故障，必要时可以切断周围连线，避免相互影响。

4) 信号寻迹法

在电路的输入端加上特定信号，按照信号流向逐线检查是否有响应和是否正确，必要时可多次输入不同信号。

5) 替换法

对于多输入端器件，如有多余端则可调换另一输入端试用。必要时可更换器件，以检查器件功能不正常所引起的故障。

6) 动态逐线跟踪检查法

对于时序电路，可输入时钟信号按信号流向逐线依次检查各级波形，直到找出故障点为止。

7) 断开反馈线检查法

对于含有反馈线的闭合电路，应该设法断开反馈线进行检查，或进行状态预置后再进行检查。

以上的故障检查方法，是以仪器正常工作为前提的，如果实验时无法测出电路功能，则应首先检查供电情况，若电源电压已加上，便可把有关输出端直接接到 0-1 显示器上，若逻辑开关无输出或单次 CP(时钟)无输出，则有可能是开关接触不良或是内部电路损坏。

此外，实验经验对于故障检查也是大有帮助的，但只要充分预习，掌握基本理论和实验原理，就不难用逻辑思维的方法较好地判断和排除故障。

四、常用电工仪器与仪表

常用电工测量仪器仪表按工作原理和用途大体可分为万用表、示波器、信号发生器、集成电路测试仪、LCR 参数测试仪、频谱分析仪等。

1. 万用表

模拟式电压表、模拟多用表(即指针式万用表 VOM)、数字电压表、数字多用表(即数字万用表 DMM)都属此类。这是经常使用的仪表。它可以用来测量交流/直流电压、交流/直流电流、电阻阻值、电容器容量、电感量、音频电平、频率、NPN 或 PNP 晶体管电流放大倍数 β 值等。

模拟式万用表的面板结构图如图 1-4-1 所示,数字式万用表的面板结构图如图 1-4-2所示。

图 1-4-1 模拟式万用表的面板结构图

图 1-4-2 数字式万用表的面板结构图

2. 示波器

示波器是一种测量电压波形的电子仪器,它可以把被测电压信号随时间变化的规律用图形显示出来。使用示波器不仅可以直观而形象地观察被测物理量的变化全貌,而且可以通过它所显示的波形测量电压和电流,进行频率和相位的比较,以及描绘特性曲线等。

示波器可以分为模拟示波器和数字示波器,对于大多数的电子应用,无论模拟示波器还是数字示波器均可满足使用需求,但由于模拟示波器和数字示波器所具备的不同特性,它们分别又有其特定的应用场合。

数字示波器的外形如图 1-4-3 所示。

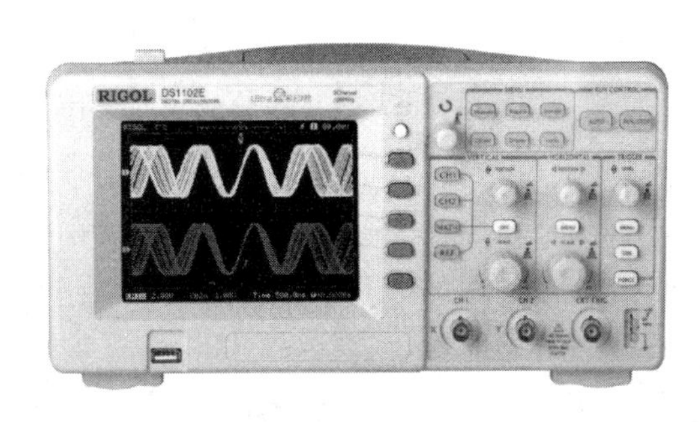

图 1-4-3 数字示波器

模拟示波器的工作方式是直接测量信号电压，并且通过从左到右穿过示波器屏幕的电子束在垂直方向描绘电压。

数字示波器的工作方式是通过模拟转换器(ADC)把被测电压转换为数字信息。数字示波器捕获的是波形的一系列样值，通过对样值进行存储(存储限度是判断累计的样值是否能描绘出波形为止)随后重构波形。

3. 函数信号发生器

函数信号发生器是一种可以提供精密信号源的仪器，也就是俗称的波形发生器，最基本的应用就是通过函数信号发生器产生正弦波、方波、锯齿波、脉冲波、三角波等具有特定周期性规律(或者频率)的时间函数波形以作为电压输出或功率输出等，其频率范围跟它本身的性能有关，一般情况下可以输出几毫赫甚至几微赫的波形信号，还可以显示输出超低频直到几十兆赫的波形信号。

函数信号发生器主要由信号产生电路、信号放大电路等部分组成。输出信号电压幅度可由输出幅度调节旋钮进行调节，输出信号频率可通过频段选择及调频旋钮进行调节。

函数信号发生器的外形如图 1-4-4 所示。

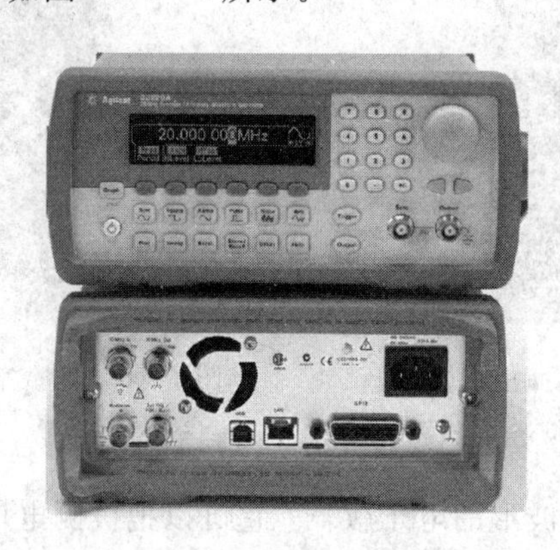

图 1-4-4　函数信号发生器

4. LCR 参数测试仪

LCR 参数测量仪可以自动判断元件性质(电感、电容还是电阻)，并将其图形符号及参数值显示出来。此外，还能测量 Q、D、Z、L_p、L_s、C_p、C_s、K_p、K_s 等参数，并显示出等效电路图。

第二部分　电工技术基础性实验

实验一　基本电工仪表的使用及测量误差的计算

一、实验目的

(1) 熟悉实验台上各类电源及测量仪表的布局和使用方法。

(2) 掌握指针式电压表、电流表内阻的测量方法。

(3) 熟悉电工仪表测量误差的计算方法。

二、原理说明

为了准确地测量电路中实际的电压和电流，必须保证仪表接入电路后不会改变被测电路的工作状态。这就要求电压表的内阻为无穷大，电流表的内阻为零。而实际使用的指针式电工仪表都不能满足上述要求。因此，测量仪表一旦接入电路，就会改变电路原有的工作状态，导致仪表的读数值与实际值之间出现误差。这种测量误差值的大小与仪表本身内阻值的大小密切相关。只要测出仪表的内阻，即可计算出由其产生的测量误差。下面介绍几种测量指针式仪表内阻的方法。

1. 用分流法测量电流表的内阻

用分流法测量电流表内阻的电路如图 2-1-1 所示。Ⓐ是被测内阻为 R_A 的直流电流表。测量时先断开开关 S，调节电流源的输出电流 I 使Ⓐ表指针满偏转。然后合上开关 S，并保持 I 值不变，调节电阻箱的阻值 R_B，使电流表的指针指在 1/2 满偏位置，此时有

$$I_A = I_S = \frac{I}{2}$$

故
$$R_A = R_B // R_1$$

其中，R_1 为固定电阻器之值，R_B 可由电阻箱的刻度盘上读得。

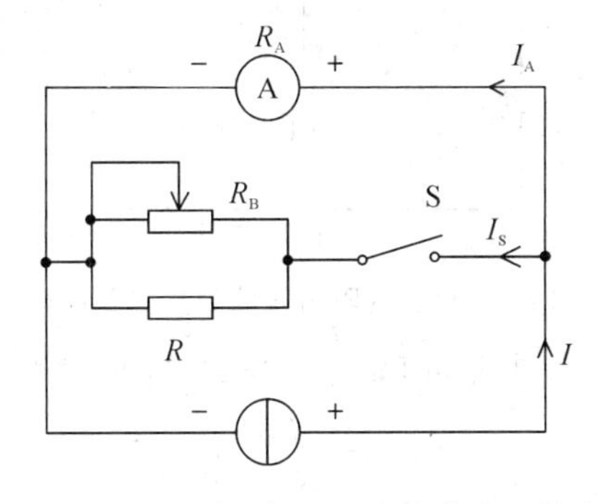

图 2-1-1　用分流法测量电流表内阻的电路

2. 用分压法测量电压表的内阻

用分压法测量电压表内阻的电路如图 2-1-2 所示。Ⓥ是被测内阻为 R_V 的电压表。测量时先将开关 S 闭合，调节直流稳压电源的输出电压，使电压表Ⓥ的指针为满偏转。

然后断开开关 S，调节 R_B 使电压表Ⓥ的指示值减半。

此时有

$$R_V = R_B + R_1$$

故电压表的灵敏度为

$$S = \frac{R_V}{U} \ (\Omega/V)$$

式中 U 为电压表满偏时的电压值。

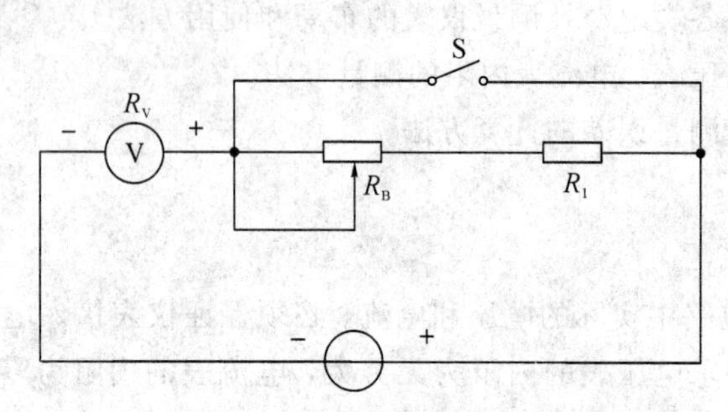

图 2-1-2　用分压法测量电压表内阻的电路

3. 仪表内阻引入的测量误差的计算

通常称仪表内阻引入的测量误差为方法误差，而仪表本身结构引起的误差称为仪表基本误差。

(1) 以图 2-1-3 所示电路为例，R_1 上的电压为

$$U_{R1} = \frac{R_1}{R_1 + R_2} U$$

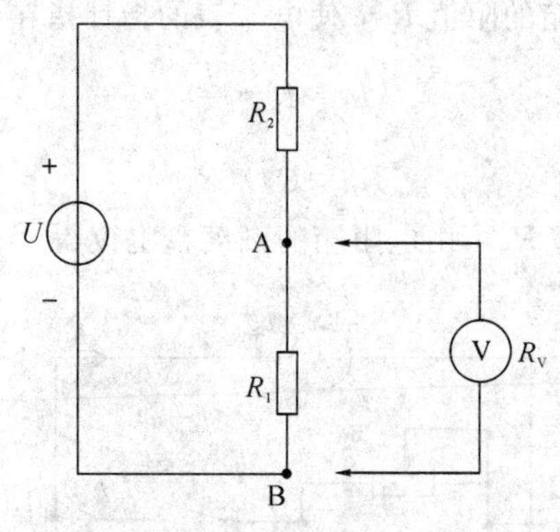

图 2-1-3　仪表内阻引入的测量误差计算电路

现用一内阻为 R_V 的电压表来测量 U_{R1} 值，当 R_V 与 R_1 并联后，

$$R_{AB} = \frac{R_V R_1}{R_V + R_1}$$

以此来替代上式中的 R_1，则得

$$U'_{R1} = \frac{\dfrac{R_V R_1}{R_V + R_1}}{\dfrac{R_V R_1}{R_V + R_1} + R_2} U$$

绝对误差为

$$\Delta U=U'_{R1}-U_{R1}=\frac{-R_1^2R_2U}{R_V(R_1^2+2R_1R_2+R_2^2)+R_1R_2(R_1+R_2)}$$

若 $R_1=R_2=R_V$，则得

$$\Delta U=\frac{U}{6}$$

相对误差为

$$\frac{\Delta U}{U_{R1}}(\%)=\frac{U'_{R1}-U_{R1}}{U_{R1}}\times100\%=\frac{-U/6}{U/2}\times100\%\approx-33.3\%$$

由此可见，当电压表的内阻与被测电路的电阻相近时，测得值的误差是非常大的。

(2) 伏安法测量电阻的原理为：测出流过被测电阻 R_X 的电流 I_R 及其两端的电压降 U_R，则其阻值 $R_X=U_R/I_R$。图 2-1-4(a)、(b)为伏安法测量电阻的两种电路。设所用电压表和电流表的内阻分别为 $R_V=20\ \text{k}\Omega$，$R_A=100\ \Omega$，电源 $U=20\ \text{V}$，假定 R_X 的实际值为 $R=10\ \text{k}\Omega$。现在分别计算用这两种电路测量结果的误差。

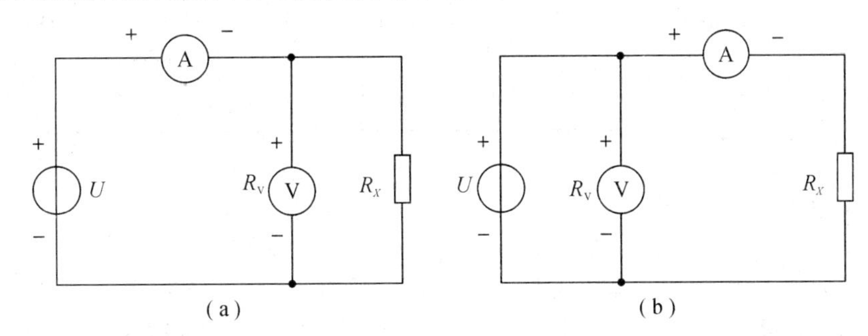

图 2-1-4 伏安法测量电阻的电路

对于电路(a)：

$$I_R=\frac{U}{R_A+\dfrac{R_VR_X}{R_V+R_X}}=\frac{20}{0.1+\dfrac{20\times10}{20+10}}\approx2.956\ (\text{mA})$$

$$U_R=I_R\cdot\frac{R_VR_X}{R_V+R_X}=2.956\times\frac{20\times10}{20+10}\approx19.73\ (\text{V})$$

故

$$R_X=\frac{U_R}{I_R}\approx\frac{19.73}{2.956}\approx6.675(\text{k}\Omega)$$

被测电阻相对误差为

$$\frac{\Delta R}{R}(\%)=\frac{R_X-R}{R}=\frac{6.675-10}{10}\times100\%\approx-33.3\%$$

对于电路(b)：

$$I_R=\frac{U}{R_A+R_X}=\frac{20}{0.1+10}\approx1.98\ (\text{mA}),\quad U_R=U=20\ (\text{V})$$

故

$$R_X=\frac{U_R}{I_R}\approx\frac{20}{1.98}\approx10.1\ (\text{k}\Omega)$$

被测电阻相对误差为

$$\frac{\Delta R}{R}(\%)=\frac{10.1-10}{10}\times100\%=1\%$$

由上述例子，可看出仪表内阻对测量结果的影响，也可看出只要采用正确的测量电路就可获得较满意的结果。

三、实验设备

序号	名称	型号与规格	数量	备注
1	可调直流稳压电源	0～30 V	二路	
2	可调恒流源	0～500 mA	1	
3	指针式万用表	MF—47 或其他	1	
4	可调电阻箱	0～9999.9 Ω	1	HE—19
5	电阻器	按需选择		HE—11/ HE—11A

四、实验内容

(1) 根据分流法原理测定指针式万用表(MF—47 型或其他型号)直流电流 0.5 mA 和 5 mA挡量程(或者实验台上直流数字电流表 20 mA 挡)的内阻。线路如图 2-1-1 所示。R_B 可选用 HE—19 中的电阻箱(下同)。测量数据填入表 2-1-1 中。

表 2-1-1

被测电流表量程	S 断开时的表读数/mA	S 闭合时的表读数/mA	R_B/Ω	R_1/Ω	计算内阻 R_A/Ω
0.5 mA					
5 mA(20 mA)					

(2) 根据分压法原理按图 2-1-2 接线，测定指针式万用表直流电压 2.5 V 和 10 V 挡量程(或者实验台上直流数字电压表 20 V 挡)的内阻。测量数据填入表 2-1-2 中。

表 2-1-2

被测电压表量　程	S 闭合时表读数/V	S 断开时表读数/V	$R_B/\mathrm{k}\Omega$	$R_1/\mathrm{k}\Omega$	计算内阻 $R_V/\mathrm{k}\Omega$	S /(Ω/V)
2.5 V						
10 V(20 V)						

(3) 用指针式万用表直流电压 10 V 挡量程测量图 2-1-3 电路中 R_1 上的电压 U'_{R1} 之值，并计算测量的绝对误差与相对误差。测量数据填入表 2-1-3 中。

表 2-1-3

U	R_2	R_1	$R_{10\,V}$ /kΩ	计算值 U_{R1} /V	实测值 U'_{R1} /V	绝对误差 ΔU	相对误差 $(\Delta U/U_{R1})\times100\%$
12 V	10 kΩ	50 kΩ					

五、实验注意事项

(1) 实验台上配有实验所需的恒流源，在开启电源开关前，应将恒流源的输出粗调旋钮拨到 2 mA 挡，输出细调旋钮应调至最小。按通电源后，再根据需要缓慢调节。

(2) 当恒流源输出端接有负载时，如果需要将其粗调旋钮由低挡位向高挡位切换时，必须先将其细调旋钮调至最小。否则输出电流会突增，可能会损坏外接器件。

(3) 实验前应认真阅读直流稳压电源的使用说明书，以便在实验中能正确使用。

(4) 电压表应与被测电路并联使用，电流表应与被测电路串联使用，并且都要注意极性与量程的合理选择。

(5) 本实验仅测试指针式仪表的内阻。由于所选指针表的型号不同，本实验中所列的电流、电压量程及选用的 R_B、R_1 等均会不同。实验时请按选定的表型自行确定。

六、思考题

(1) 根据实验内容(1)和(2)，若已求出 0.5 mA 挡和 2.5 V 挡的内阻，可否直接计算得出 5 mA 挡和 10 V 挡的内阻?

(2) 用量程为 10 A 的电流表测实际值为 8 A 的电流时，若实际读数为 8.1 A，求测量的绝对误差和相对误差。

七、实验报告

(1) 列表记录实验数据，并计算各被测仪表的内阻值。

(2) 计算实验内容(3)的绝对误差与相对误差。

(3) 完成思考题的计算。

(4) 实验心得、体会及意见等。

实验二 电位、电压的测定及电路电位图的绘制

一、实验目的

(1) 用实验证明电路中电位的相对性、电压的绝对性。

(2) 掌握电路电位图的绘制方法。

二、原理说明

在一个确定的闭合电路中，各点电位的高低根据所选的电位参考点的不同而变化，但任意两点间的电位差(即电压)则是绝对的，它不因参考点电位的变动而变动。据此性质，可用一只电压表来测量出电路中各点的电位及任意两点间的电压。

若以电路中的电位值作纵坐标，电路中各点位置(电阻)作横坐标，将测量到的各点电位在该坐标平面中标出，并把标出点按顺序用直线条相连接，就可得到电路的电位变化图。每一段直线段即表示该两点间电位的变化情况。

在电路中参考电位点可任意选定，对于不同的参考点，所绘出的电位图形是不同的，但其各点电位变化的规律是一样的。

在作电位图或实验测量时必须正确区分电位和电压的高低，按照惯例，是以电流方向上的电压降为正，所以，在用电压表测量时，若仪表指针正向偏转，则说明电表正极的电位高于负极的电位。

三、实验设备

序号	名称	型号与规格	数量	备注
1	可调直流稳压电源	+6 V，+12 V，0～30 V	二路	
2	直流电压表	0～20 V	1	
3	指针式万用表	MF—47 或其他	1	
4	EEL—01 组件(或 EEL—16 组件)			

四、实验内容

实验线路如图 2-2-1 所示。

(1) 分别将 U_1、U_2 两路直稳压电源(U_1 为+6 V、+12 V 切换电源；U_2 为 0～30 V 可调电源)接入电路，令 $U_1=6$ V，$U_2=12$ V。

(2) 以图 2-2-1 中的 A 点作为电位的参考点，分别测量 A、B、C、D、E、F 各点的电位及相邻两点之间的电压值 U_{AB}、U_{BC}、U_{CD}、U_{DE}、U_{EF} 及 U_{FA}，将数据列于表中。

(3) 以图 2-2-1 中的 D 点作为电位的参考点，分别测量 A、B、C、D、E、F 各点的电

位及相邻两点之间的电压值 U_{AB}、U_{BC}、U_{CD}、U_{DE}、U_{EF} 及 U_{FA}，将数据列于表 2-2-1 中。

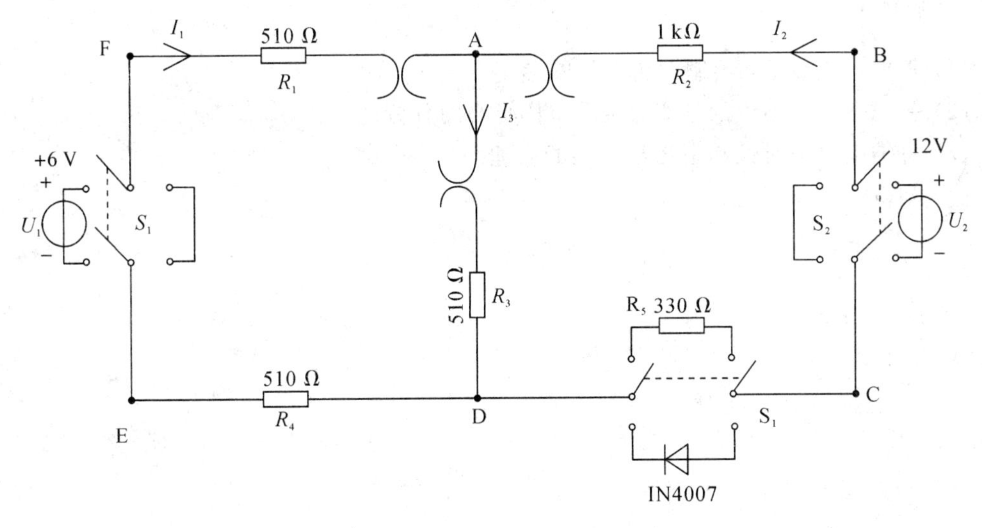

图 2-2-1　电位、电压的测定电路图

表 2-2-1

电位参考点	内　容	Φ_A	Φ_B	Φ_C	Φ_D	Φ_E	Φ_F	U_{AB}/V	U_{BC}/V	U_{CD}/V	U_{DE}/V	U_{EF}/V	U_{FA}/V
A	计算值												
	测量值												
	相对误差												
D	计算值												
	测量值												
	相对误差												

五、实验注意事项

(1) 实验线路板系多个实验通用，本次实验没有用到电流插头和插座。

(2) 测量电位时，用万用表的直流电压挡或用数字直流电压表测量时，用负表棒(黑色)接参考电位点，用正表棒(红色)接被测各点，若指针正向偏转或显示正值，则表明该点电位为正(即高于参考点电位)；若指针反向偏转或显示负值，此时应调换万用表的表棒，然后读出数值，此时在电位值之前应加一负号(表明该点电位低于参考点电位)。

六、思考题

(1) 若以 F 点为参考点，实验测得各点的电位值；现令 E 点作为参考电位点，试问此时各点的电位值应有何变化？应有何变化？

(2) 怎样理解电位的相对性和电压的绝对性？

七、实验报告

（1）根据实验数据，绘制两个电位图形。

（2）完成数据表格中的计算，对误差作必要的分析。

（3）总结电位相对性和电压绝对性的原理。

（4）心得体会及其他。

实验三　电路元件伏安特性的测绘

一、实验目的

（1）学会识别常用电路元件的方法。

（2）掌握线性电阻、非线性电阻元件伏安特性的逐点测试法。

（3）掌握实验台上直流电工仪表和设备的使用方法。

二、原理说明

任何一个电器二端元件的特性可用该元件上的端电压 U 与通过该元件的电流 I 之间的函数关系 $I=f(U)$ 来表示，即用 $I-U$ 平面上的一条曲线来表征，这条曲线称为该元件的伏安特性曲线。几种二端元件的伏安特性曲线如图 2-3-1 所示。

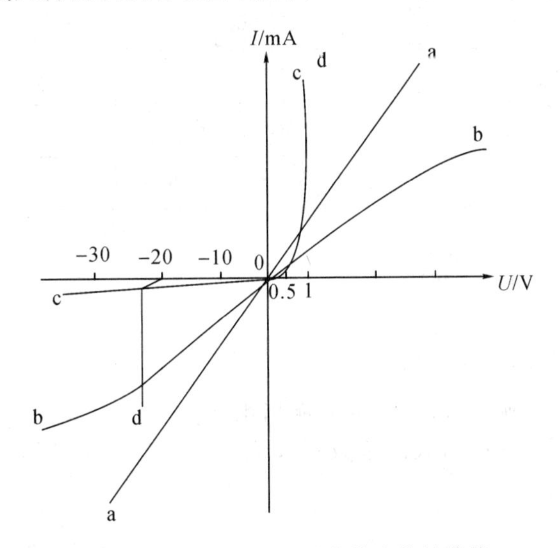

图 2-3-1　线性电阻器的伏安特性曲线

（1）线性电阻器的伏安特性曲线是一条通过坐标原点的直线，如图 2-3-1 中 a 所示，该直线的斜率等于该电阻器的电阻值。

（2）一般的白炽灯在工作时灯丝处于高温状态，其灯丝电阻随着温度的升高而增大，通过白炽灯的电流越大，其温度越高，阻值也越大，一般灯泡的“冷电阻”与“热电阻”的阻值可相差几倍至十几倍。所以它的伏安特性如图 2-3-1 中 b 曲线所示。

（3）一般的半导体二极管是一个非线性电阻元件，其伏安特性如图 2-3-1 中 c 所示。正向压降很小（一般的锗管约为 0.2～0.3 V，硅管约为 0.5～0.7 V），正向电流随正向压降的升高而急剧上升，而反向电压从零一直增加到十多至几十伏时，其反向电流增加很小，粗略地可视为零。可见，二极管具有单向导电性，但反向电压加得过高，超过管子的极限值，则会导致管子击穿损坏。

（4）稳压二极管是一种特殊的半导体二极管，其正向特性与普通二极管类似，但其反向特性较特别，如图 2－3－1 中 d 所示。在反向电压开始增加时，其反向电流几乎为零，但当电压增加到某一数值时(称为管子的稳压值，有各种不同稳压值的稳压管)电流将突然增加，以后它的端电压将基本维持恒定，当外加的反向电压继续升高时其端电压仅有少量增加。

注意：流过二极管或稳压二极管的电流不能超过管子的极限值，否则管子就会烧坏。

三、实验设备

序号	名　称	型号与规格	数量	备注
1	可调直流稳压电源	0～30 V	1	
2	万　用　表	FM～30 或其他	1	
3	直流数字电流表	0～2000 mA	1	
4	直流数字电压表	0～300 V	1	
5	二　极　管	1N4007	1	HE—11
6	稳　压　管	2CW51	1	HE—11
7	白　炽　灯	12 V，0.1 A	1	HE—11
8	线性电阻器	200 Ω，510 Ω，1 kΩ/8 W	1	HE—19

四、实验内容

1. 测定线性电阻器的伏安特性

按图 2－3－2 接线，调节稳压电源的输出电压 U，从 0 V 开始缓慢地增加，一直到 10 V，记下相应的电压表和电流表的读数 U_R、I，填入表 2－3－1。

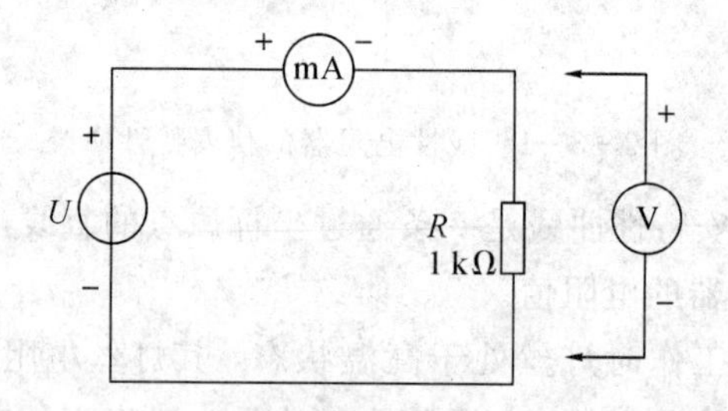

图 2－3－2　测定线性电阻器的伏安特性电路

表 2－3－1

U_R/V	0	1	2	3	4	5	6	7	8	10
I/mA										

2. 测定非线性白炽灯泡的伏安特性

将图 2－3－2 中的 R 换成一只 12 V、0.1 A 的灯泡，重复实验内容 1 的测量，填入

表 2-3-2。U_L 为灯泡的端电压。

表 2-3-2

U_L/V	0	0.5	1	2	3	4	5	8	9	10
I/mA										

3. 测定半导体二极管的伏安特性

按图 2-3-3 接线，R 为限流电阻器。测二极管的正向特性时，其正向电流不得超过 35 mA，二极管 V_D 的正向压降 U_{D+} 可在 0～0.75 V 之间取值。在 0.5～0.75 V 之间应多取几个测量点。测反向特性时，只需将图 2-3-3 中的二极管 V_D 反接，且其反向电压 U_{D-} 可加到 30 V，填入表 2-3-3。

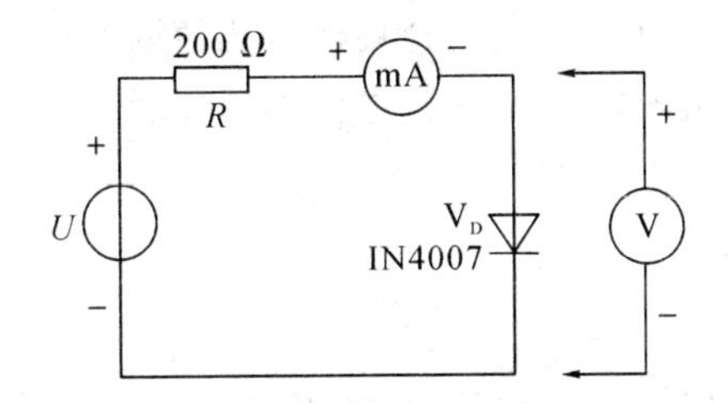

图 2-3-3　半导体二极管的伏安特性实验电路

表 2-3-3

正向特性实验数据

U_{D+}/V	0.10	0.30	0.40	0.45	0.50	0.55	0.60	0.65	0.70	0.75
I/mA										

反向特性实验数据

U_{D-}/V	0	−5	−10	−15	−20	−25	−30
I/mA							

4. 测定稳压二极管的伏安特性

(1) 正向特性实验：将图 2-3-3 中的二极管换成稳压二极管 2CW51，重复实验内容 3 中的正向测量，填入表 2-3-4。U_{Z+} 为 2CW51 的正向压降。

表 2-3-4

U_{Z+}/V	0.10	0.30	0.40	0.45	0.50	0.55	0.60	0.65	0.70	0.75
I/mA										

(2) 反向特性实验：将图 2-3-3 中的 R 换成 510 Ω，2CW51 反接，测量 2CW51 的反向特性。稳压电源的输出电压 U_O 从 0～20 V，测量 2CW51 两端的电压 U_{Z-} 及电流 I，填入表 2-3-5。由 U_{Z-} 可看出其稳压特性。

表 2-3-5

U_O/V	0	−2	−4	−6	−8	−10	−13	−15	−16	−18	−20
U_{Z-}/V											
I/mA											

五、实验注意事项

（1）测二极管正向特性时，稳压电源输出应由小至大逐渐增加，应时刻注意电流表读数不得超过 35 mA。稳压源输出端切勿碰线短路。

（2）如果要测定 2AP9 的伏安特性，则正向特性的电压值应取 0、0.10、0.13、0.15、0.17、0.19、0.21、0.24、0.30(V)，反向特性的电压值取 0、2、4、…、10(V)。

（3）进行不同实验时，应先估算电压和电流值，合理选择仪表的量程，勿使仪表超量程，仪表的极性亦不可接错。

六、思考题

（1）线性电阻与非线性电阻的概念是什么？电阻器与二极管的伏安特性有何区别？

（2）设某器件伏安特性曲线的函数式为 $I=f(U)$，试问在逐点绘制曲线时，其坐标变量应如何放置？

（3）稳压二极管与普通二极管有何区别，其用途如何？

（4）在图 2-3-3 中，设 $U=2$ V，$U_{D+}=0.7$ V，则ⓜⒶ表读数为多少？

七、实验报告

（1）根据各实验结果数据，分别在坐标纸上绘制出光滑的伏安特性曲线。(其中二极管和稳压管的正、反向特性均要求画在同一张图中，正、反向电压可取为不同的比例尺)。

（2）根据实验结果，总结、归纳被测各元件的特性。

（3）完成数据表格中的计算，对误差作必要的分析。

（4）心得体会及其他。

实验四　基尔霍夫定律的验证

一、实验目的

(1) 验证基尔霍夫定律，加深对基尔霍夫定律的理解。
(2) 学会用电流插头、插座测量各支路电流的方法。

二、原理说明

基尔霍夫定律是电路的基本定律。测量某电路的各支路电流及每个元件两端的电压，应能分别满足基尔霍夫电流定律(KCL)和电压定律(KVL)。即对电路中的任一个节点而言，应有$\sum I=0$；对任何一个闭合回路而言，应有$\sum U=0$。

运用上述定律时必须注意各支路或闭合回路中电流的正方向，此方向可预先任意设定。

三、实验设备

序号	名　　称	型号与规格	数量	备　注
1	直流稳压电源	0～30 V 可调	二路	
2	万用表		1	
3	直流数字电压表	0～300 V	1	
4	直流数字电流表	0～2000 mA	1	
5	基尔霍夫定律/叠加原理实验电路板		1	HE—12

四、实验内容

实验线路如图 2－4－1 所示，用 HE—12 挂箱的“基尔霍夫定律/叠加原理”线路。

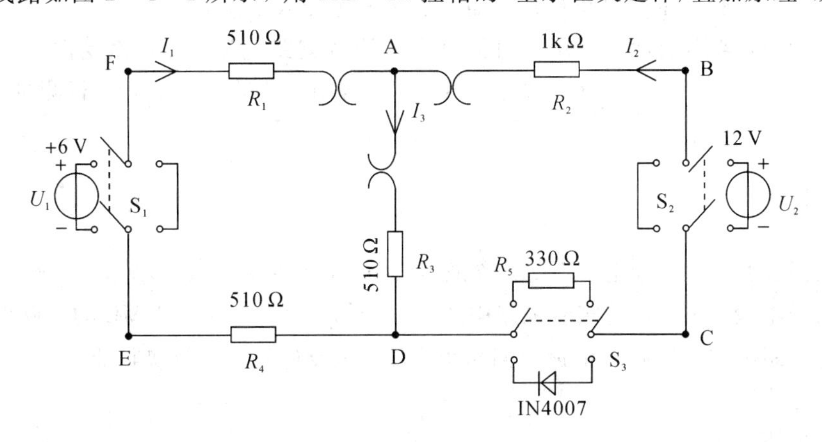

图 2－4－1　基尔霍夫定律/叠加原理实验电路

(1) 实验前先任意设定三条支路和三个闭合回路的电流正方向。图 2-4-1 中的 I_1、I_2、I_3的方向已设定。三个闭合回路的电流正方向可设为 ADEFA、BADCB 和 FBCEF。

(2) 分别将两路直流稳压源接入电路，令 $U_1=6$ V，$U_2=12$ V。

(3) 熟悉电流插头的结构，将电流插头的两端接至数字毫安表的"+、-"两端。

(4) 将电流插头分别插入三条支路的三个电流插座中，读出并记录电流值。

(5) 用直流数字电压表分别测量两路电源及电阻元件上的电压值，记录在表2-4-1中。

表 2-4-1

被测量	I_1/mA	I_2/mA	I_3/mA	U_1/V	U_2/V	U_{FA}/V	U_{AB}/V	U_{AD}/V	U_{CD}/V	U_{DE}/V
计算值										
测量值										
相对误差										

五、实验注意事项

(1) 用电流插头测量各支路电流或者用电压表测量电压降时，应注意仪表的极性，并应正确判断测得值的"+、-"号。

(2) 所有需要测量的电压值，均以电压表测量的读数为准。U_1、U_2也需测量，不应取电源本身的显示值。

(3) 防止稳压电源两个输出端碰线短路。

(4) 用指针式电压表或电流表测量电压或电流时，如果仪表指针反偏，则必须调换仪表极性，重新测量。此时指针正偏，可读得电压或电流值。若用数显电压表或电流表测量，则可直接读出电压或电流值。但应注意，所读得的电压或电流值的正、负号应根据设定的电流方向来判断。

六、预习思考题

(1) 根据图 2-4-1 的电路参数，计算出待测的电流 I_1、I_2、I_3和各电阻上的电压值，记入表中，以便实验测量时可正确地选定毫安表和电压表的量程。

(2) 实验中，若用指针式万用表直流毫安挡测各支路电流，在什么情况下可能出现指针反偏，应如何处理？在记录数据时应注意什么？若用直流数字毫安表进行测量时，则会有什么显示呢？

七、实验报告

(1) 根据实验数据，选定节点 A，验证 KCL 的正确性。

(2) 根据实验数据，选定实验电路中的任一个闭合回路，验证 KVL 的正确性。

(3) 将支路和闭合回路的电流方向重新设定，重复(1)、(2)两项验证。

(4) 误差原因分析。

(5) 心得体会及其他。

实验五　叠加原理的验证

一、实验目的

(1) 验证线性电路叠加原理的正确性，加深对线性电路的叠加性和齐次性的认识和理解。

(2) 进一步学习用电流插头、插座测量各支路电流的方法。

二、原理说明

叠加原理指出：在有多个独立源共同作用下的线性电路中，通过每一个元件的电流或其两端的电压，可以看成是由每一个独立源单独作用在该元件上所产生的电流或电压的代数和。

线性电路的齐次性是指当激励信号(某独立源的值)增加 K 倍减小为$\frac{1}{K}$时，电路的响应(即在电路中各电阻元件上所建立的电流和电压值)也将增加 K 倍或减小$\frac{1}{K}$。

三、实验设备

序号	名　称	型号与规格	数量	备　注
1	直流稳压电源	0～30 V 可调	二路	
2	万用表		1	
3	直流数字电压表	0～300 V	1	
4	直流数字电流表	0～2000 mA	1	
5	基尔霍夫定律/叠加原理实验电路板		1	HE—12

四、实验内容

实验线路如图 2-5-1 所示，用 HE—12 挂箱的“基尔霍夫定律/叠加原理”线路。

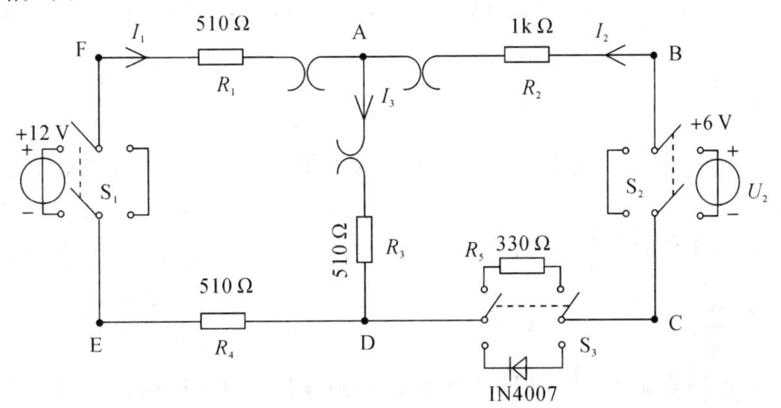

图 2-5-1　基尔霍夫定律/叠加原理实验电路

(1) 将两路稳压源的输出分别调节为 12 V 和 6 V，接入 U_1 和 U_2 处。

(2) 令 U_1 电源单独作用(将开关 S_1 投向 U_1 侧，开关 S_2 投向短路侧)。用直流数字电压表和直流数字电流表(接电流插头)测量各支路电流及各电阻元件两端的电压，数据记入表 2-5-1。

表 2-5-1

测量项目 / 实验内容	U_1/V	U_2/V	I_1/mA	I_2/mA	I_3/mA	U_{AB}/V	U_{CD}/V	U_{AD}/V	U_{DE}/V	U_{FA}/V
U_1 单独作用										
U_2 单独作用										
U_1、U_2 共同作用										
$2U_2$ 单独作用										

(3) 令 U_2 电源单独作用(将开关 S_1 投向短路侧，开关 S_2 投向 U_2 侧)，重复实验内容(2)的测量和记录，数据记入表 2-5-1。

(4) 令 U_1 和 U_2 共同作用(开关 S_1 和 S_2 分别投向 U_1 和 U_2 侧)，重复上述的测量和记录，数据记入表 2-5-1。

(5) 将 U_2 的数值调至 +12 V，重复(3)的测量并记录，数据记入表 2-5-1。

(6) 将 R_5 (330 Ω)换成二极管 IN4007(即将开关 S_3 投向二极管 IN4007 侧)，重复(1)～(5)的测量过程，数据记入表 2-5-2。

(7) 任意按下某个故障设置按键，重复实验内容(4)的测量和记录，再根据测量结果判断出故障的性质。

表 2-5-2

测量项目 / 实验内容	U_1/V	U_2/V	I_1/mA	I_2/mA	I_3/mA	U_{AB}/V	U_{CD}/V	U_{AD}/V	U_{DE}/V	U_{FA}/V
U_1 单独作用										
U_2 单独作用										
U_1、U_2 共同作用										
$2U_2$ 单独作用										

五、实验注意事项

(1) 用电流插头测量各支路电流或者用电压表测量电压降时，应注意仪表的极性，并应正确判断测得值的“+、-”号。

(2) 注意仪表量程的及时更换。

六、预习思考题

(1) 在叠加原理实验中，要使 U_1、U_2 分别单独作用，应如何操作？可否直接将不作用的电源(U_1或U_2)短接置零？

(2) 实验电路中，若有一个电阻器改为二极管，试问叠加原理的叠加性与齐次性还成立吗？为什么？

(3) 当 S_1(或 S_2)拨向短路侧时，如何测 U_{FA}(或 U_{AB})？

七、实验报告

(1) 根据实验数据表格，进行分析、比较，归纳、总结实验结论，即验证线性电路的叠加性与齐次性。

(2) 各电阻器所消耗的功率能否用叠加原理计算得出？试用上述实验数据，进行计算并作结论。

(3) 通过实验内容(6)及分析表格 2－5－2 的数据，你能得出什么样的结论？

(4) 心得体会及其他。

实验六　电压源与电流源的等效变换

一、实验目的

（1）掌握建立电源模型的方法。
（2）掌握电源外特性的测试方法。
（3）加深对电压源和电流源特性的理解。
（4）研究电源模型等效变换的条件。

二、原理说明

1. 电压源和电流源

电压源具有端电压保持恒定不变，而输出电流大小由负载决定的特性。其外特征是，极端电压 U 与输出电流 I 的关系 $U=f(I)$ 是一条平行于 I 轴的直线。实验中使用的恒压源在规定的电流范围内具有很小的内阻，可以将它视为一个电压源。

电流源具有端电流保持恒定不变，而端电压的大小由负载决定的特性。其外特征是，输出电流 I 与端电压 U 的关系 $I=f(U)$ 是一条平行于 U 轴的直线。实验中使用的恒流源在规定的电流范围内具有很大的内阻，可以将它视为一个电流源。

2. 实际电压源和实际电流源

实际上任何电源内部都存在电阻，通常称为内阻。因而，实际电压源可以用一个内阻 R_S 和电压源 U_S 串联表示，其端电压 U 随输出电流 I 增大而降低，在实验中，可以用一个小阻值的电阻与恒压源相串联来模拟一个实际电压源。

实际电流源可以用一个内阻 R_S 和电压源 U_S 并联表示，其输出电流 I 随端电压 U 增大而减小。在实验中，可以用一个大阻值的电阻与恒流源相并联来模拟一个实际电流源。

3. 实际电压源和实际电流源的等效互换

一个实际的电源，就其外部特征而言，既可以看成是一个电压源，又可以看成是一个电流源。若视为电压源，则可用一个电压源与一个电阻相串联来表示；若视为电流源，则可用一个电流源与一个电阻相并联来表示。若它们向同样大小的负载供出同样大小的电流和端电压，则称这两个电源是等效的，即具有相同的外特性。

（1）实际电压源和实际电流源的等效变换的条件为：$U_S=I_SR_S$ 或 $I_S=\frac{U_S}{R_S}$。

（2）取实际的电压源与实际的电流源的内阻均为 R_S。

已知实际电压源的参数为 U_S 和 R_S，则实际电流源的参数为 $I_S=\frac{U_S}{R_S}$ 和 R_S，若已知实际电流源的参数为 I_S 和 R_S，则实际电压源的参数为 $U_S=I_SR_S$ 和 R_S。

三、实验设备

序号	名　　称	型号与规格	数量	备　注
1	恒压源	0～30 V 可调	1	
	恒流源	0～500 mA 可调	1	
2	万用表		1	
3	直流数字电压表	0～300 V	1	
4	直流数字电流表	0～2000 mA	1	
5	电阻、电位器		1	HE—19、HE—11

四、实验内容

1. 测定电压源(恒压源)与实际电压源的外特性

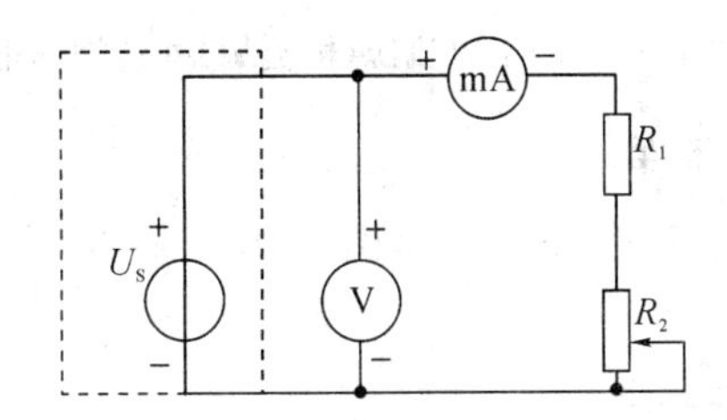

图 2－6－1　测定电压源(恒压源)外特性的电路

实验电路如图 2－6－1 所示，图中的电源 U_S用恒压源中的＋6 V(＋5)输出端，R_1取 200 Ω的固定电阻，R_2取 470 Ω 的电位器。调节电位器 R_2，令其阻值由大至小变化，将电流表、电压表的读数记入表 2－6－1 中。

表 2－6－1

I/mA							
U/V							

图 2－6－1 电路中，将电压源改为实际电压源，如图 2－6－2 所示。

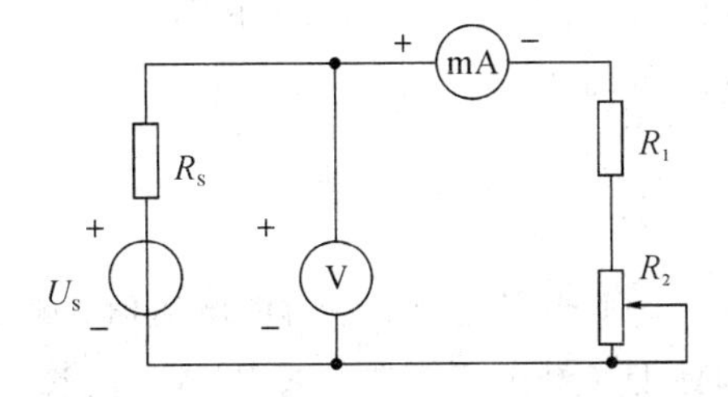

图 2－6－2　测定实际电压源外特性的电路

图 2－6－2 中内阻 R_S取 51 Ω 的固定电阻，调节电位器 R_2，令其阻值由大至小变化，将

电流表、电压表的读数记入表 2-6-2 中。

表 2-6-2

I/mA							
U/V							

2. 测定电流源(恒流源)与实际电流源的外特性

按图 2-6-3 连接电路，图中 I_S为恒流源，调节其输出为 5 mA(用毫安表测量)，R_2取 470 Ω 的电位器，在 R_S分别为 1 kΩ 和∞两种情况下，调节电位器 R_2，令其阻值由大至小变化，将电流表、电压表的读数记入自拟的数据表格中。

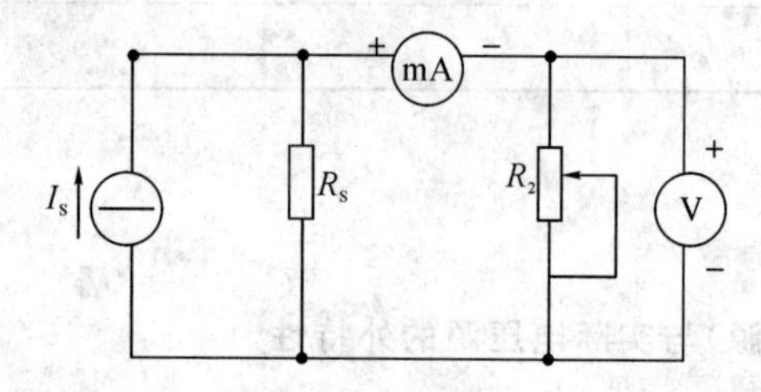

图 2-6-3 测定电流源(恒流源)外特性的电路

3. 研究电源等效变换的条件

按图 2-6-4 连接电路，其中(a)、(b)图中的内阻 R_S均为 51 Ω，负载电阻 R 均为 200 Ω。

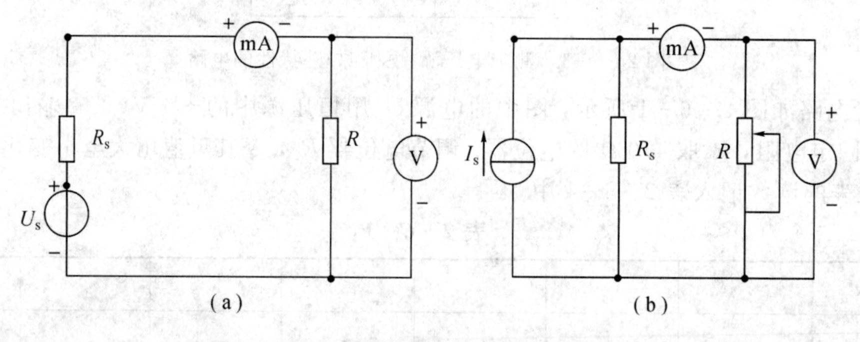

图 2-6-4 研究电源等效变换条件的电路

在图 2-6-4(a)电路中，U_S用恒压源中的+6 V 输出端，记录电压表、电流表的读数。然后调节图 2-6-4(b)电路中恒流源 I_S，令两表的读数与图 2-6-4(a)的数值相等，记录 I_S的值，验证等效变换条件的正确性。

五、实验注意事项

(1) 在测电压源外特性时，不要忘记测空载时的电压值；测电流源外特性时，不要忘记测短路时的电流值，注意恒流源负载电压不要超过 20 V，负载不要开路。

(2) 换接线路时，必须关闭电源开关。

(3) 直流仪表的接入应注意极性与量程。

六、预习思考题

（1）电压源和电流源各有什么特性？

（2）为什么要进行电源的等效变换？

（3）通常直流稳压电源的输出端不允许短路，直流恒流源的输出端不允许开路，为什么？

（4）电压源与电流源的外特性为什么呈下降变化趋势，稳压源和恒流源的输出在任何负载下是否保持恒定值？

七、实验报告

（1）根据实验数据绘出电源的四条外特性曲线，并总结、归纳各类电源的特性。

（2）根据实验数据表格，进行分析、比较，归纳、总结实验结论，验证电源等效变换的条件。

（3）心得体会及其他。

实验七　戴维南定理和诺顿定理的验证

一、实验目的

（1）验证戴维南定理和诺顿定理，加深对该定理的理解。

（2）掌握测量有源二端网络等效参数的一般方法。

二、原理说明

1．戴维南定理和诺顿定理

任何一个线性有源网络，如果仅研究其中一条支路的电压和电流，则可将电路的其余部分看做是一个有源二端网络(或称为含源一端口网络)。

戴维南定理指出：任何一个线性有源网络，总可以用一个电压源与一个电阻的串联来等效代替，此电压源的电动势 U_S 等于这个有源二端网络的开路电压 U_{OC}，其等效内阻 R_0 等于该网络中所有独立源均置零(理想电压源视为短接，理想电流源视为开路)时的等效电阻。

诺顿定理指出：任何一个线性有源网络，总可以用一个电流源与一个电阻的并联组合来等效代替，此电流源的电流 I_S 等于这个有源二端网络的短路电流 I_{SC}，其等效内阻 R_0 定义同戴维南定理。

$U_{OC}(U_S)$ 和 R_0 或者 $I_{SC}(I_S)$ 和 R_0 称为有源二端网络的等效参数。

2．有源二端网络等效参数的测量方法

1）开路电压、短路电流法测 R_0

在有源二端网络输出端开路时，用电压表直接测其输出端的开路电压 U_{OC}，然后再将其输出端短路，用电流表测其短路电流 I_{SC}，则等效内阻为

$$R_0=\frac{U_{OC}}{I_{SC}}$$

如果有源二端网络的内阻很小，若将其输出端口短路则易损坏其内部元件，因此不宜用此法。

2）伏安法测 R_0

用电压表、电流表测出有源二端网络的外特性曲线，如图 2-7-1 所示。根据外特性曲线求出斜率 $\tan\varphi$，则内阻为

$$R_0=\tan\varphi=\frac{\Delta U}{\Delta I}=\frac{U_{OC}}{I_{SC}}$$

也可以先测量开路电压 U_{OC}，再测量电流为额定值 I_N 时的输出端电压值 U_N，则内阻为

$$R_0=\frac{U_{OC}-U_N}{I_N}$$

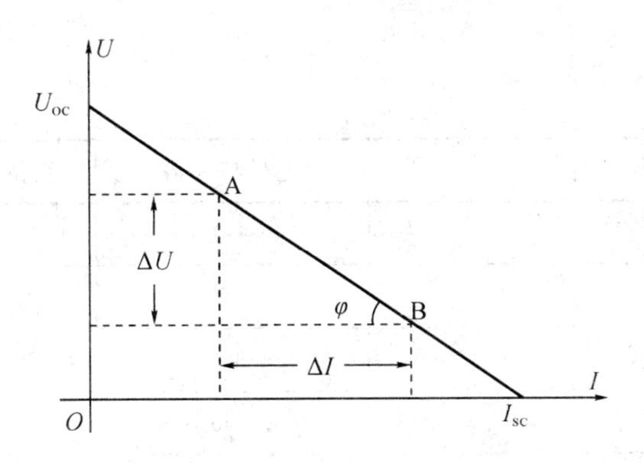

图 2-7-1　有源二端网络的外特性曲线

3）半电压法测 R_0

如图 2-7-2 所示，当负载电压为被测网络开路电压的一半时，负载电阻（由电阻箱的读数确定）即为被测有源二端网络的等效内阻值。

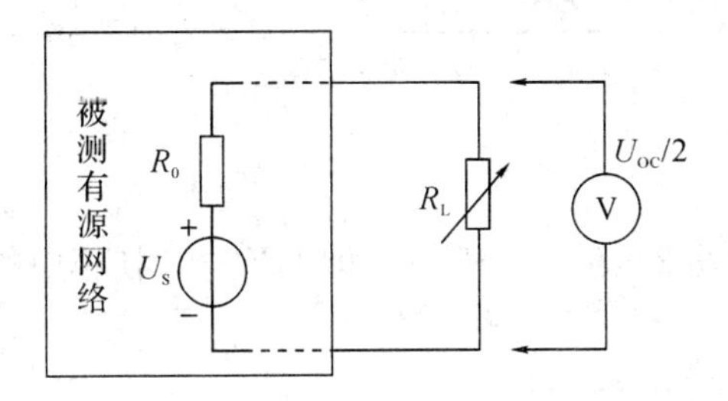

图 2-7-2　半电压法测 R_0 的电路

4）零示法测 U_{OC}

在测量具有高内阻的有源二端网络的开路电压时，用电压表直接测量会造成较大的误差。为了消除电压表内阻的影响，往往采用零示测量法，如图 2-7-3 所示。

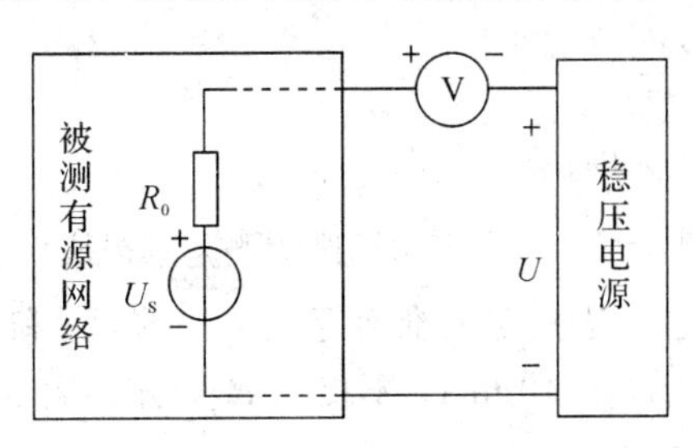

图 2-7-3　零示法测 U_{OC} 的电路

零示法测量原理是用一低内阻的稳压电源与被测有源二端网络进行比较，当稳压电源的输出电压与有源二端网络的开路电压相等时，电压表的读数将为“0”。然后将电路断开，测量此时稳压电源的输出电压，即为被测有源二端网络的开路电压。

三、实验设备

序号	名　称	型号与规格	数量	备　注
1	可调直流稳压电源	0～30 V	1	
2	可调直流恒流源	0～500 mA	1	
3	直流数字电压表	0～300 V	1	
4	直流数字电流表	0～2000 mA	1	
5	万用表		1	
6	可调电阻箱	0～99 999.9 Ω	1	HE—19
7	电位器	1 kΩ/2 W	1	HE—11/HE—11A
8	戴维南定理/诺顿定理实验电路板		1	HE—12

四、实验内容

被测有源二端网络如图 2-7-4(a)所示，即 HE—12 挂箱中的“戴维南定理/诺顿定理”电路。

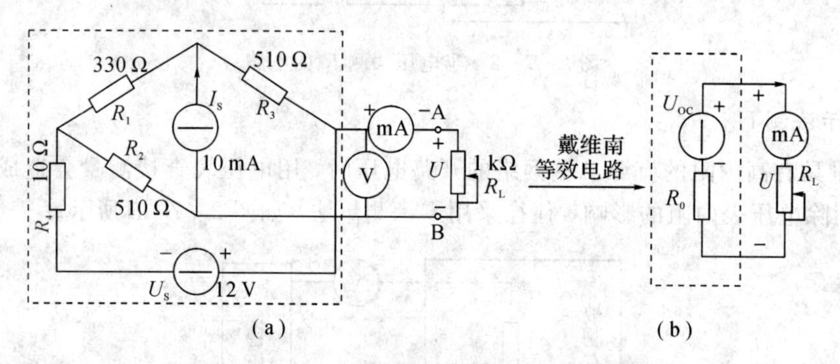

图 2-7-4　戴维南定理/诺顿定理实验电路

(1) 用开路电压、短路电流法测定戴维南等效电路的 U_{OC} 和 R_0。在 2-7-4(a)中，接入稳压电源 $U_S=12$ V 和恒流源 $I_S=10$ mA，不接入 R_L。分别测定 U_{OC} 和 I_{SC}，并计算出 R_0（测 U_{OC} 时，不接入ⓜⒶ表），记入表 2-7-1 中。

表 2-7-1

U_{OC}/V	I_{SC}/mA	$R_0=\frac{U_{OC}}{I_{SC}}/\Omega$

(2) 负载实验。按图 2-7-4(a)所示接入 R_L。改变 R_L 的阻值，测量不同端电压下的电流值，记入表 2-7-2 中，并据此画出有源二端网络的外特性曲线。

表 2-7-2

U/V									
I/mA									

(3) 验证戴维南定理。从电阻箱上取得按实验内容(1)所得的等效电阻 R_0 之值，然后令其与直流稳压电源(调到实验内容(1)所测得的开路电压 U_{OC} 之值)相串联，如图 2-7-4(b)所示，仿照实验内容(2)测其外特性，对戴维南定理进行验证，将实验数据填入表2-7-3。

表 2-7-3

U/V									
I/mA									

(4) 有源二端网络等效电阻(又称入端电阻)的直接测量法。如图 2-7-4(a)所示，将被测有源网络内的所有独立源置零(去掉电流源 I_S 和电压源 U_S，并在原电压源所接的两点用一根短路导线相连)，然后用伏安法或者直接用万用表的欧姆挡去测定负载 R_L 开路时 A、B 两点间的电阻，此即为被测网络的等效内阻 R_0，或称网络的入端电阻 R_i。实验数据记入表 2-7-4。

表 2-7-4

R_0/Ω	

(5) 用半电压法和零示法测量被测网络的等效内阻 R_0 及其开路电压 U_{OC}，将测得数据记入表 2-7-5。

表 2-7-5

半电压法	
R_0/Ω	

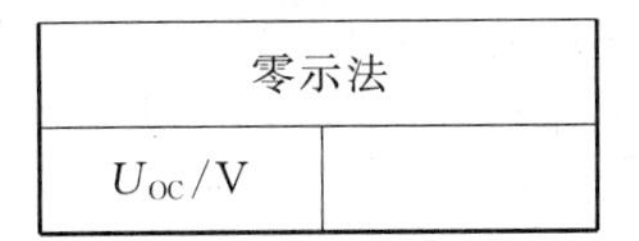

零示法	
U_{OC}/V	

五、实验注意事项

(1) 测量时应注意电流表量程的更换。

(2) 用万用表直接测 R_0 时，网络内的独立源必须先置零，以免损坏万用表。其次，欧姆挡必须经调零后再进行测量。

(3) 用零示法测量 U_{OC} 时，应先将稳压电源的输出调至接近于 U_{OC}，再按图 2-7-4 测量。

(4) 改接线路时，要关掉电源。

六、预习思考题

(1) 在求戴维南等效电路时，做短路试验，测 I_{SC} 的条件是什么？在本实验中可否直接作负载短路实验？请实验前对电路 2-7-4(a)预先作好计算(参考电路图 2-7-4)，以便调整实验电路及测量时可准确地选取电表的量程。

（2）说明测有源二端网络开路电压及等效内阻的几种方法，并比较其优缺点。

七、实验报告

（1）根据实验内容(2)和(3)，分别绘出曲线，验证戴维南定理的正确性，并分析产生误差的原因。

（2）将实验内容(1)、(4)、(5)各种方法测得的U_{OC}与R_0和预习时电路计算的结果作比较，能得出什么结论？

（3）归纳、总结实验结果。

（4）心得体会及其他。

（5）实验报告中必须包含以下电路的理论分析计算过程。

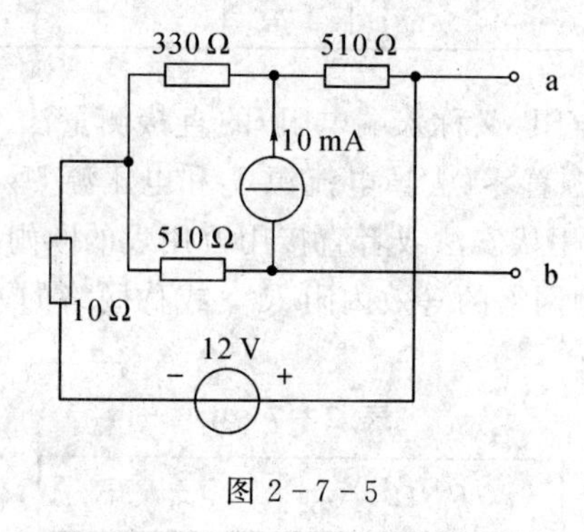

图 2-7-5

① 分别求出图 2-7-5 中单口网络的 ab 端的开路电压U_{OC}和短路电流U_{SC}。

② 求出图中的单口网络的戴维南等效电阻。

实验八　RC一阶电路的响应测试

一、实验目的

(1) 测定RC一阶电路的零输入响应、零状态响应及完全响应。

(2) 学习电路时间常数的测量方法。

(3) 掌握有关微分电路和积分电路的概念。

(4) 进一步学会用示波器观测波形。

二、原理说明

(1) 动态网络的过渡过程是十分短暂的单次变化过程。要用普通示波器观察过渡过程和测量有关的参数，就必须使这种单次变化的过程重复出现。为此，我们利用信号发生器输出的方波来模拟阶跃激励信号，即利用方波输出的上升沿作为零状态响应的正阶跃激励信号；利用方波的下降沿作为零输入响应的负阶跃激励信号。只要选择方波的重复周期远大于电路的时间常数τ，那么电路在这样的方波序列脉冲信号的激励下，它的响应就和直流电接通与断开的过渡过程是基本相同的。

(2) 图2-8-1(b)所示的RC一阶电路的零输入响应和零状态响应分别按指数规律衰减和增长，其变化的快慢决定于电路的时间常数τ。

(3) 时间常数τ的测定方法。

用示波器测量零输入响应的波形如图2-8-1(a)所示。

根据一阶微分方程的求解得知$u_C=U_m-t/RC=U_m-t/\tau$。当$t=\tau$时，$u_C(\tau)=0.368U_m$。此时所对应的时间就等于τ。亦可用零状态响应波形增加到$0.632U_m$所对应的时间测得，如图2-8-1(c)所示。

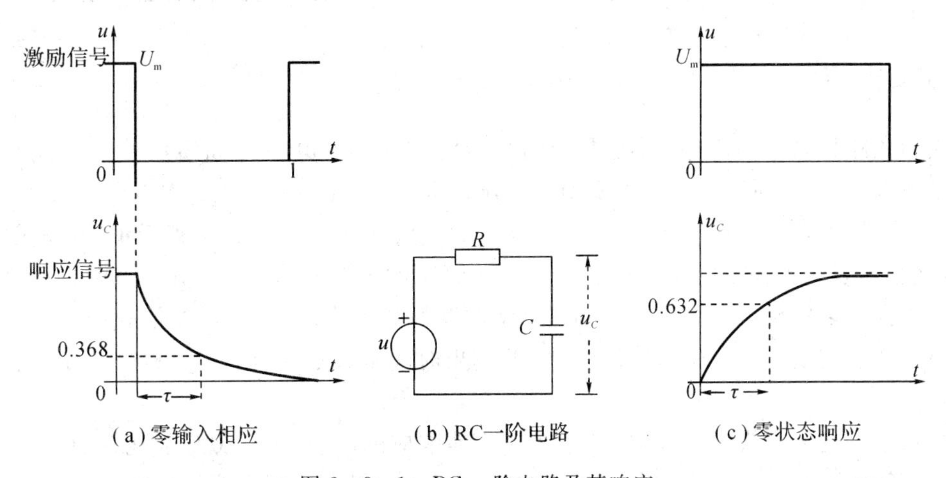

(a)零输入相应　(b)RC一阶电路　(c)零状态响应

图2-8-1　RC一阶电路及其响应

(4) 微分电路和积分电路是RC一阶电路中较典型的电路，它对电路元件参数和输入信号的周期有着特定的要求。一个简单的RC串联电路，在方波序列脉冲的重复激励下，当满足$\tau=RC\ll\frac{T}{2}$时（T为方波脉冲的重复周期），且由R两端的电压作为响应输出，这就是一个微分电路。因为此时电路的输出信号电压与输入信号电压的微分成正比。如图2-8-2(a)所示，利用微分电路可以将方波转变成尖脉冲。

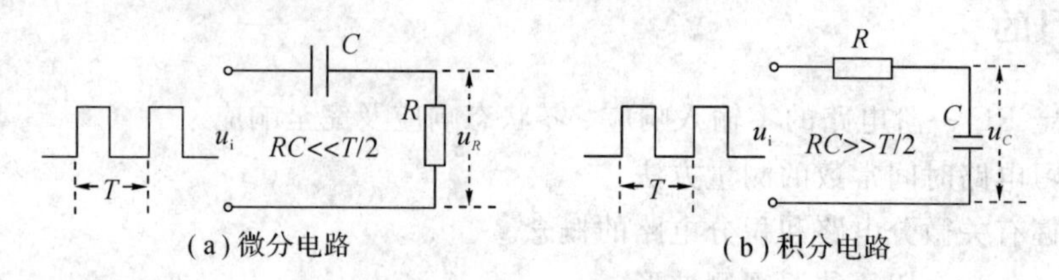

图2-8-2　微分电路和积分电路

若将图2-8-2(a)中的R与C位置调换一下，如图2-8-2(b)所示，由C两端的电压作为响应输出，当电路的参数满足$\tau=RC\gg\frac{T}{2}$条件时，即称为积分电路。因为此时电路的输出信号电压与输入信号电压的积分成正比。利用积分电路可以将方波转变成三角波。

从输入输出波形来看，上述两个电路均起着波形变换的作用，请在实验过程中仔细观察与记录。

三、实验设备

序号	名　称	型号与规格	数量	备注
1	脉冲信号发生器	任意型号	1	
2	双踪示波器	任意型号	1	
3	动态电路实验板		1	HE—14

四、实验内容

实验线路板采用HE—14实验挂箱的“一阶、二阶动态电路”，如图2-8-3所示，实验前须认清R、C元件的布局及其标称值，各开关的通断位置，等等。

(1) 从电路板上选$R=10\ \text{k}\Omega$、$C=6800\ \text{pF}$组成如图2-8-1(b)所示的RC充放电电路。u为信号发生器输出的$U_{P-P}=3\ \text{V}$、$f=1\ \text{kHz}$的方波电压信号，并通过两根同轴电缆线，将激励源u和响应u_C的信号分别连至示波器的两个输入口Y_A和Y_B。这时可在示波器的屏幕上观察到激励与响应的变化规律，测算出时间常数τ，并用坐标纸按1∶1的比例描绘波形。

少量地改变电容值或电阻值，定性地观察对响应的影响，记录观察到的现象。

(2) 令$R=10\ \text{k}\Omega$、$C=0.1\ \mu\text{F}$，观察并描绘响应的波形，继续增大C的值，定性地观察对响应的影响。

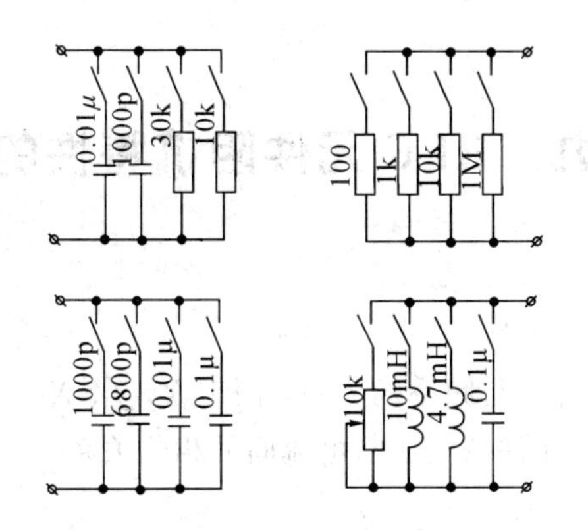

图 2-8-3　动态电路、选频电路实验板

(3) 令 $C=0.01\ \mu F$、$R=100\ \Omega$，组成如图 2-8-2(a)所示的微分电路。在同样的方波激励信号($U_{P-P}=3$ V，$f=1$ kHz)作用下，观测并描绘激励与响应的波形。

增减 R 之值，定性地观察对响应的影响，并作记录。观察当 R 增至 1 MΩ 时，输入输出波形有何本质上的区别。

五、实验注意事项

(1) 调节电子仪器各旋钮时，动作不要过快、过猛。实验前，需熟读双踪示波器的使用说明书。观察双踪时，要特别注意相应开关、旋钮的操作与调节。

(2) 信号源的接地端与示波器的接地端要连在一起(称共地)，以防外界干扰而影响测量的准确性。

(3) 示波器的辉度不应过亮，尤其是光点长期停留在荧光屏上不动时，应将辉度调暗，以延长示波器的使用寿命。

六、预习思考题

(1) 什么样的电信号可作为 RC 一阶电路零输入响应、零状态响应和完全响应的激励信号?

(2) 已知 RC 一阶电路 $R=10$ kΩ、$C=0.1\ \mu F$，试计算时间常数 τ，并根据 τ 值的物理意义，拟定测量 τ 的方案。

(3) 何谓积分电路和微分电路，它们必须具备什么条件? 它们在方波序列脉冲的激励下，其输出信号波形的变化规律如何? 这两种电路有何作用?

(4) 预习时要熟读仪器使用说明，回答上述问题，准备坐标纸。

七、实验报告

(1) 根据实验观测结果，在坐标纸上绘出 RC 一阶电路充放电时 u_C 的变化曲线，由曲线测得 τ 值，并与参数值的计算结果作比较，分析误差原因。

(2) 根据实验观测结果，归纳、总结积分电路和微分电路的形成条件，阐明波形变换的特征。

(3) 心得体会及其他。

实验九　RLC 元件阻抗特性的测试

一、实验目的

（1）验证电阻、感抗、容抗与频率的关系，测定 $R-f$、X_L-f 及 X_C-f 特性曲线。

（2）加深理解 R、L、C 元件端电压与电流间的相位关系。

二、原理说明

在正弦交变信号作用下，R、L、C 电路元件在电路中的抗流作用与信号的频率有关，它们的阻抗频率特性 $R-f$、X_L-f 及 X_C-f 曲线如图 2-9-1 所示。

元件阻抗频率特性的测量电路如图 2-9-2 所示。

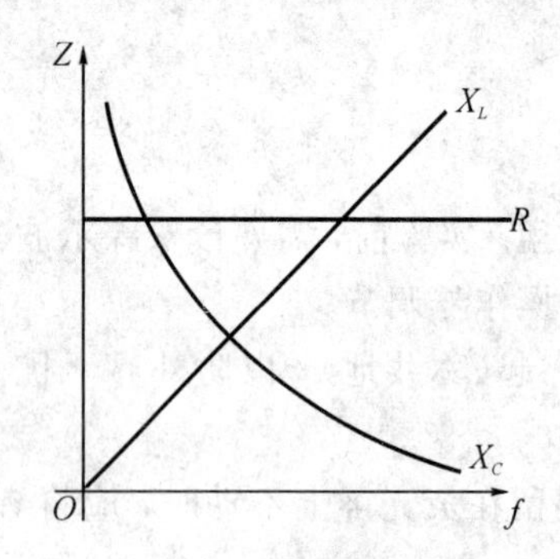

图 2-9-1　阻抗频率特性曲线

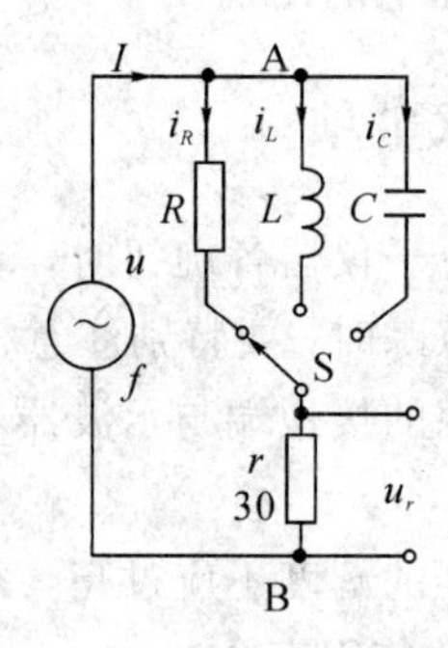

图 2-9-2　阻抗频率特性的测量电路

图 2-9-2 中的 r 是提供测量回路电流用的标准小电阻，由于 r 的阻值远小于被测元件的阻抗值，因此可以认为 AB 之间的电压就是被测元件 R、L 或 C 两端的电压，流过被测元件的电流则可由 r 两端的电压除以 r 得到。

若用双踪示波器同时观察 r 与被测元件两端的电压，亦就展现出被测元件两端的电压和流过该元件电流的波形，从而可在荧光屏上测出电压与电流的幅值及它们之间的相位差。

将元件 R、L、C 串联或并联相接，亦可用同样的方法测得 $Z_{串}$ 与 $Z_{并}$ 的阻抗频率特性 $Z-f$，根据电压、电流的相位差可判断 $Z_{串}$ 或 $Z_{并}$ 是感性还是容性负载。

元件的阻抗角（即相位差 ϕ）随输入信号的频率变化而改变，将各个不同频率下的相位差画在以频率 f 为横坐标、阻抗角 ϕ 为纵坐标的坐标纸上，并用光滑的曲线连接这些点，即得到阻抗角的频率特性曲线。

用双踪示波器测量阻抗角的原理如图 2-9-3 所示。从荧光屏上数得一个周期占 n 格，相位差占 m 格，则实际的相位差 ϕ（阻抗角）为

$$\phi = m \times \frac{360°}{n}$$

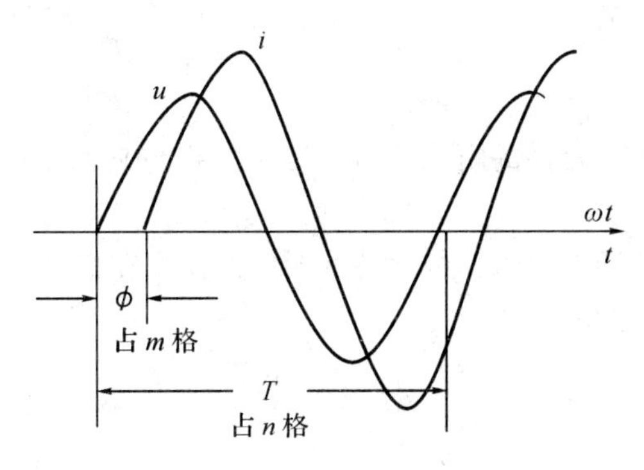

图 2-9-3　用双踪示波器测量阻抗角的原理

三、实验设备

序号	名　称	型号与规格	数量	备　注
1	低频信号发生器		1	
2	交流毫伏表	0～600 V	1	
3	双踪示波器		1	
4	频率计		1	
5	实验线路元件	R=1 kΩ，C=1 μF，L约1 H	1	
6	电阻	30 Ω	1	

四、实验内容

（1）测量 R、L、C 元件的阻抗频率特性。

通过电缆线将低频信号发生器输出的正弦信号接至如图 2-9-2 的电路，作为激励源 u，并用交流毫伏表测量，使激励电压的有效值为 U=3 V，并保持不变。

使信号源的输出频率从 200 Hz 逐渐增至 5 kHz(用频率计测量)，并使开关 S 分别接通 R、L、C 三个元件，用交流毫伏表测量 U_r，并计算各频率点时的 I_R、I_L 和 I_C（即 U_r/r）以及 $R=U/I_R$、$X_L=U/I_L$ 及 $X_C=U/I_C$ 之值。

注意：在接通 C 测试时，信号源的频率应控制在 200～2500 Hz 之间。

（2）用双踪示波器观察在不同频率下各元件阻抗角的变化情况，按图 2-9-3 记录 n 和 m，算出 ϕ。

（3）测量 R、L、C 元件串联的阻抗角频率特性。

五、实验注意事项

（1）交流毫伏表属于高阻抗电表，测量前必须先调零。

（2）测 ϕ 时，示波器的"V/div"和"t/div"微调旋钮应旋至"校准位置"。

六、预习思考题

（1）测量 R、L、C 各个元件的阻抗角时，为什么要与它们串联一个小电阻？可否用一个小电感或大电容代替？为什么？

（2）在测量 R、L、C 元件的阻抗频率特性时，为什么在接通 C 测试时，信号源的频率要控制在 200～2500 Hz 之间？

七、实验报告

（1）根据实验数据，在坐标纸上绘制 R、L、C 三个元件的阻抗频率特性曲线，并从中总结出结论。

（2）根据实验数据，在坐标纸上绘制 R、L、C 三个元件串联的阻抗角频率特性曲线，并总结、归纳出结论。

（3）心得体会及其他。

实验十　单相铁芯变压器特性的测试

一、实验目的

(1) 通过测量，学会计算变压器的各项参数。

(2) 学会测绘变压器的空载特性与外特性。

二、原理说明

(1) 图 2-10-1 为测试变压器参数的电路。由各仪表读得变压器原边(AX，低压侧)的 U_1、I_1、P_1 及副边(ax，高压侧)的 U_2、I_2，并用万用表 $R\times1$ 挡测出原、副绕组的电阻 R_1 和 R_2，即可算得变压器的以下各项参数值：

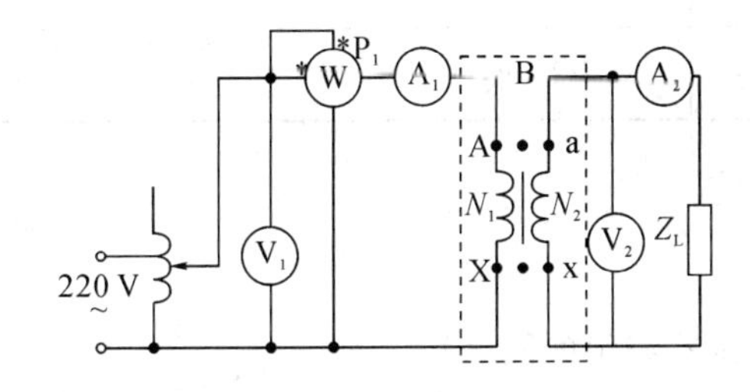

图 2-10-1　测试变压器参数的电路

电压比 $K_u=\dfrac{U_1}{U_2}$，　　电流比　$K_I=\dfrac{I_2}{I_1}$，

原边阻抗　$Z_1=\dfrac{U_1}{U_2}$，　　副边阻抗　$Z_2=\dfrac{U_2}{I_2}$，

阻抗比$=\dfrac{Z_1}{Z_2}$，　　负载功率 $P_2=U_2I_2\cos\phi_2$，

损耗功率 $P_o=P_1-P_2$，

功率因数$=\dfrac{P_1}{U_1I_1}$，　　原边线圈铜耗 $P_{Cu1}=I_1^2R_1$，

副边铜耗 $P_{Cu2}=I_2R_2$，铁耗 $P_{Fe}=P_o-(P_{Cu1}+P_{Cu2})$

(2) 铁芯变压器是一个非线性元件，铁芯中的磁感应强度 B 取决于外加电压的有效值 U。当副边开路(即空载)时，原边的励磁电流 I_{1o} 与磁场强度 H 成正比。在变压器中，副边空载时，原边电压与电流的关系称为变压器的空载特性，这与铁芯的磁化曲线($B-H$ 曲线)是一致的。

空载实验通常是将高压侧开路，由低压侧通电进行测量，又因空载时功率因数很低，故测量功率时应采用低功率因数功率表。此外因变压器空载时阻抗很大，故电压表应接在电流表外侧。

(3) 变压器外特性测试。

为了满足三组灯泡负载额定电压为 220 V 的要求，故以变压器的低压(36 V)绕组作为原边，220 V 的高压绕组作为副边，即将其当做一台升压变压器使用。

在保持原边电压 $U_1=36$ V 不变时，逐次增加灯泡负载(每只灯为 15 W)，测定 U_1、U_2、I_1 和 I_2，即可绘出变压器的外特性，即负载特性曲线 $U_2=f(I_2)$。

三、实验设备

序号	名　　称	型号与规格	数量	备注
1	交流电压表	0～450 V	2	
2	交流电流表	0～5 A	2	
3	单相功率表		1	
4	试验变压器	220 V/36 V　50 VA	1	
5	自耦调压器		1	
6	白炽灯	220 V，15 W	5	

四、实验内容

(1) 用交流法判别变压器绕组的同名端。

(2) 按图 2-10-1 线路接线。其中 AX 为变压器的低压绕组，ax 为变压器的高压绕组。即电源经自耦调压器接至低压绕组，高压绕组 220 V 接 Z_L 即 15 W 的灯组负载(3 只灯泡并联)，线接好后经指导教师检查后方可进行实验。

(3) 将调压器手柄置于输出电压为零的位置(逆时针旋到底)，合上电源开关，并调节调压器，使其输出电压为 36 V。令负载开路并逐次增加负载(最多亮 5 个灯泡)，分别记下仪表的读数，记入自拟的数据表格，绘制变压器外特性曲线。实验完毕将调压器调回零位，断开电源。

当负载为 4 个或 5 个灯泡时，变压器已处于超载运行状态，很容易烧坏。因此，测试和记录应尽量快，总共不应超过 3 分钟。实验时，可先将 5 只灯泡并联安装好，断开控制每个灯泡的相应开关，通电且电压调至规定值后，再逐一打开各个灯的开关，并记录仪表读数。待数据记录完毕后，立即用相应的开关断开各灯。

(4) 将高压侧(副边)开路，确认调压器处在零位后，合上电源，调节调压器输出电压，使 U_1 从零逐次上升到 1.2 倍的额定电压(1.2×36 V)，分别记下各次测得的 U_1、U_{2o} 和 I_{1o} 数据，记入自拟的数据表格，用 U_1 和 I_{1o} 绘制变压器的空载特性曲线。

五、实验注意事项

(1) 本实验是将变压器作为升压变压器使用，并用自耦调压器提供原边电压 U_1，故使用调压器时应首先调至零位，然后才可合上电源。此外，必须用电压表监视调压器的输出电压，防止被测变压器输出过高电压而损坏实验设备，且要注意安全，以防高压触电。

(2) 由负载实验转到空载实验时，要注意及时变更仪表量程。

(3) 遇到异常情况，应立即断开电源，待处理好故障后，方可继续实验。

六、预习思考题

(1) 为什么本实验将低压绕组作为原边进行通电实验？此时，在实验过程中应注意什么问题？

(2) 为什么变压器的励磁参数一定是在空载实验加额定电压的情况下求出？

七、实验报告

(1) 根据实验内容，自拟数据表格，绘出变压器的外特性和空载特性曲线。

(2) 根据额定负载时测得的数据，计算变压器的各项参数。

(3) 计算变压器的电压调整率 $\Delta U\%=\frac{U_{2o}-U_{2N}}{U_{2o}}\times 100\%$。

(4) 心得体会及其他。

实验十一　三相电路功率的测量

一、实验目的

（1）掌握用一瓦特表法、二瓦特表法测量三相电路有功功率与无功功率的方法。

（2）熟练掌握功率表的接线和使用方法。

二、原理说明

（1）对于三相四线制供电的三相星形连接的负载（即 Y_0 接法），可用一只功率表（即瓦特表）测量各相的有功功率 P_A、P_B、P_C，则三相负载的总有功功率 $\sum P = P_A + P_B + P_C$。这就是一瓦特表法，如图 2-11-1 所示。若三相负载是对称的，则只需测量一相的功率，再乘以 3 即可得到三相总的有功功率。

（2）三相三线制供电系统中，不论三相负载是否对称，也不论负载是 Y 接法还是△接法，都可用二瓦特表法测量三相负载的总有功功率。测量线路如图 2-11-2 所示。若负载为感性或容性，且当相位差 $\varphi > 60°$ 时，线路中的一只功率表指针将反偏（数字式功率表将出现负读数），这时应将功率表电流线圈的两个端子调换（不能调换电压线圈端子），其读数应记为负值。而三相总功率 $\sum P = P_1 + P_2$（P_1、P_2 本身不含任何意义）。

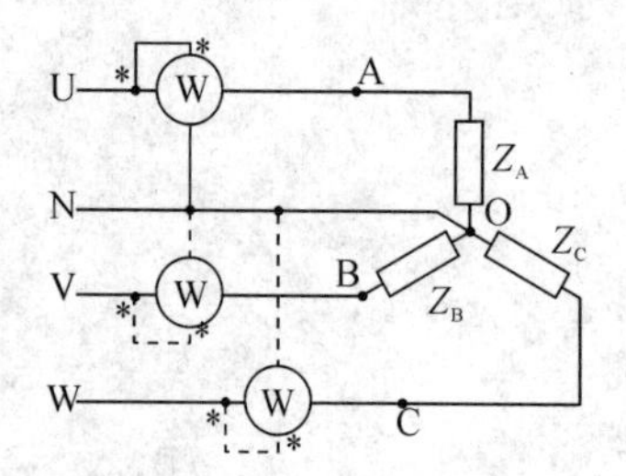

2-11-1　一瓦特表法测三相有功功率

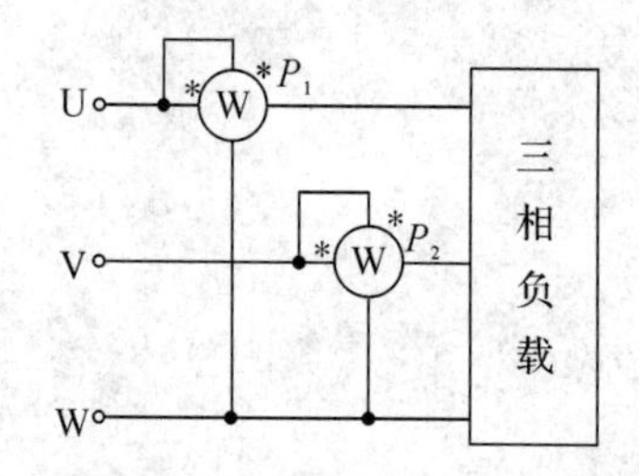

2-11-2　二瓦特表法测三相有功功率

（3）对于三相三线制供电的三相对称负载，可用一瓦特表法测得三相负载的总无功功率 Q，测量原理线路如图 2-11-3 所示。

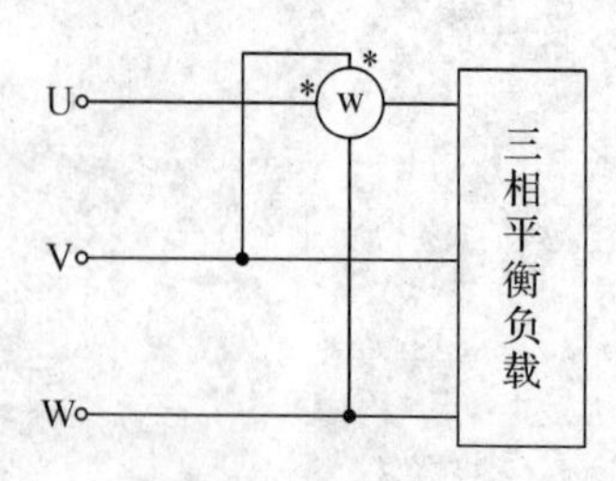

图 2-11-3　三相三线制供电的对称负载总无功功率测量电路

图 2-11-3 中所示功率表读数的 $\sqrt{3}$ 倍，即为三相对称负载电路总的无功功率。除了此图给出的一种连接法 I_U、U_{VW} 外，还有另外两种连接法，即接成 I_V、U_{UW} 或 I_W、U_{UV}。

三、实验设备

序号	名　称	型号与规格	数量	备注
1	交流电压表	0～500 V	2	
2	交流电流表	0～5 A	2	
3	单相功率表		2	
4	万用表		1	
5	三相自耦调压器		1	
6	三相灯组负载	220 V、15 W　白炽灯	9	
7	三相电容负载	1 μF，2.2 μF，4.7 μF/500 V	各 3	

四、实验内容

(1) 用一瓦特表法测定三相对称 Y_0 接以及不对称 Y_0 接负载的总功率 $\sum P$。实验按图 2－11－4线路接线。线路中的电流表和电压表用以监视该相的电流和电压，使其不要超过功率表电压和电流的量程。

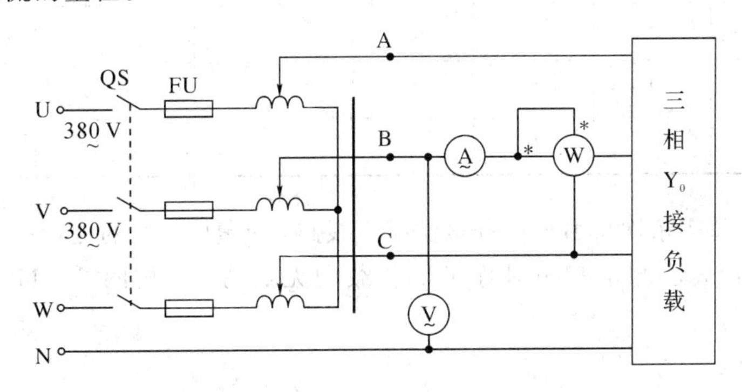

图 2－11－4　三相 Y_0 接负载的总功率测量电路

经指导教师检查后，接通三相电源，调节调压器输出，使输出线电压为 220 V，按表 2－11－1的要求进行测量及计算。

表 2－11－1

负载情况	开灯盏数			测量数据			计算值
	A 相	B 相	C 相	P_A/W	P_B/W	P_C/W	$\sum P$/W
Y_0 接对称负载	3	3	3				
Y_0 接不对称负载	1	2	3				

首先将三只表按图 2－11－4 所示接入 B 相进行测量，然后分别将三只表换接到 A 相和 C 相，再进行测量。

(2) 用二瓦特表法测定三相负载的总功率。

① 按图 2-11-5 接线，将三相灯组负载接成 Y 形接法。

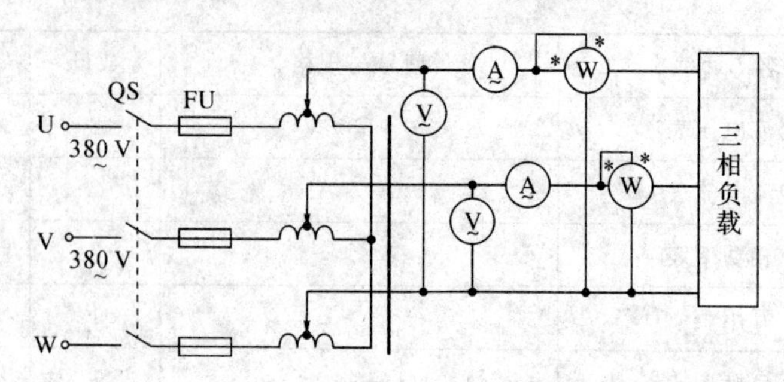

图 2-11-5 用二瓦特表法测定三相负载的总功率电路

经指导教师检查后，接通三相电源，调节调压器的输出线电压为 220 V，按表 2-11-2 的内容进行测量。

② 将三相灯组负载改成△形接法，重复①的测量步骤，数据记入表 2-11-2 中。

表 2-11-2

负载情况	开灯盏数			测量数据		计算值
	A 相	B 相	C 相	P_1/W	P_2/W	ΣP/W
Y 接平衡负载	3	3	3			
Y 接不平衡负载	1	2	3			
△接不平衡负载	1	2	3			
△接平衡负载	3	3	3			

③ 将两只瓦特表依次按另外两种接法接入线路，重复①、②的测量。(表格自拟。)

(3) 用一瓦特表法测定三相对称星形负载的无功功率，按图 2-11-6 所示的电路接线。

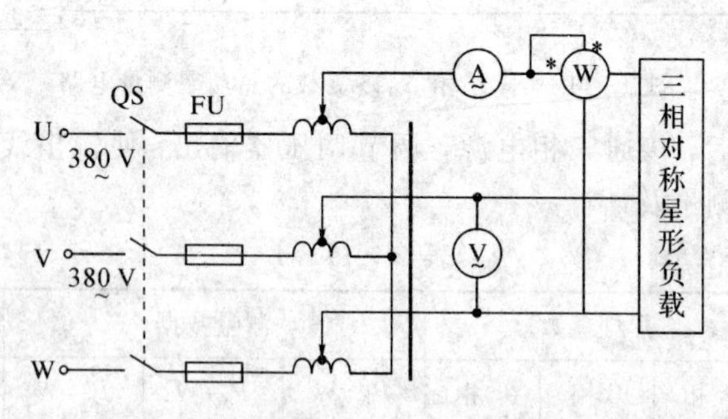

图 2-11-6 用一瓦特表法测定三相对称星形负载的无功功率电路

① 每相负载由白炽灯和电容器并联而成，并由开关控制其接入。检查接线无误后，接通三相电源，将调压器的输出线电压调到 220 V，读取三表的读数，并计算无功功率 ΣQ，记入表 2-11-3。

② 分别按 I_V、U_{UW} 和 I_W、U_{UV} 接法，重复①的测量，并比较各自的 ΣQ 值。

表 2-11-3

接法	负载情况	测量值			计算值
		U/V	I/A	Q/Var	$\sum Q=\sqrt{3}Q$
I_U，U_{VW}	① 三相对称灯组(每相开 3 盏)				
	② 三相对称电容器(每相 4.7 μF)				
	③ ①、②的并联负载				
I_V，U_{UW}	① 三相对称灯组(每相开 3 盏)				
	② 三相对称电容器(每相 4.7 μF)				
	③ ①、②的并联负载				
I_W，U_{UV}	① 三相对称灯组(每相开 3 盏)				
	② 三相对称电容器(每相 4.7 μF)				
	③ ①、②的并联负载				

五、实验注意事项

(1) 每次实验完毕，均需将三相调压器旋柄调回零位。

(2) 每次改变接线，均需断开三相电源，以确保人身安全。

六、预习思考题

(1) 复习二瓦特表法测量三相电路有功功率的原理。

(2) 复习一瓦特表法测量三相对称负载无功功率的原理。

(3) 测量功率时为什么在线路中通常都接有电流表和电压表?

七、实验报告

(1) 完成数据表格中的各项测量和计算任务，比较一瓦特表和二瓦特表法的测量结果。

(2) 总结、分析三相电路功率测量的方法与结果。

(3) 心得体会及其他。

实验十二　功率因数及相序的测量

一、实验目的

（1）掌握三相交流电路相序的测量方法。

（2）熟悉功率因数表的使用方法，了解负载性质对功率因数的影响。

二、原理说明

图 2-12-1 为相序指示器电路，用以测定三相电源的相序 A、B、C(或 U、V、W)。它是由一个电容器和两个电灯连接成的星形不对称三相负载电路。如果电容器所接的是 A 相，则灯光较亮的是 B 相，较暗的是 C 相。相序是相对的，任何一相均可作为 A 相。但 A 相确定后，B 相和 C 相也就确定了。

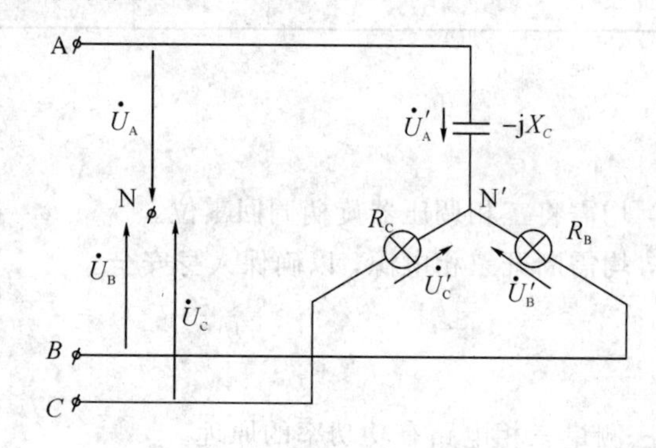

图 2-12-1　相序指示器电路

为了分析问题简单起见，设 $X_C=R_B=R_C=R$，$\dot{U}_A=U_P\angle 0°$，

$$\dot{U}_{N'N}=\frac{U_P\left(\frac{1}{-jR}\right)+U_P\left(-\frac{1}{2}-j\frac{\sqrt{3}}{2}\right)\left(\frac{1}{R}\right)+U_P\left(-\frac{1}{2}+j\frac{\sqrt{3}}{2}\right)\left(\frac{1}{R}\right)}{-\frac{1}{jR}+\frac{1}{R}+\frac{1}{R}}$$

则：

$$\begin{aligned}\dot{U}'_B&=\dot{U}_B-\dot{U}_{N'N}=U_P\left(-\frac{1}{2}-j\frac{\sqrt{3}}{2}\right)-U_P(-0.2+j0.6)\\&=U_P(-0.3-j1.466)\\&=1.49\angle-101.6°U_P\end{aligned}$$

$$\begin{aligned}\dot{U}'_C&=\dot{U}_C-\dot{U}_{N'N}=U_P\left(-\frac{1}{2}+j\frac{\sqrt{3}}{2}\right)-U_P(-0.2+j0.6)\\&=U_P(-0.3+j0.266)\\&=0.4\angle-138.4°U_P\end{aligned}$$

由于 $\dot{U}'_B>\dot{U}'_C$，故 B 相灯光较亮。

三、实验设备

序号	名　称	型号与规格	数量	备注
1	单相功率表			
2	交流电压表	0～500 V		
3	交流电流表	0～5 A		
4	白炽灯灯组负载	25 W、220 V	3	HE—17
5	电感线圈	30 W 镇流器	1	HE—16
6	电容器	1 μF，4.7 μF		HE—16

四、实验内容

1．相序的测定

（1）用 220 V、25 W 白炽灯和 1 μF、500 V 电容器，按图 2-12-1 接线，经三相调压器接入线电压为 220 V 的三相交流电源，观察两只灯泡的亮、暗，判断三相交流电源的相序。

（2）将电源线任意调换两相后再接入电路，观察两灯的明亮状态，判断三相交流电源的相序。

2．电路功率（*P*）和功率因数（cos*ϕ*）的测定

按图 2-12-2 接线，按表 2-12-1 的要求在 A、B 间接入不同器件，记录 cos*ϕ* 表及其他各表的读数，记入表 2-12-1 中，并分析负载性质。

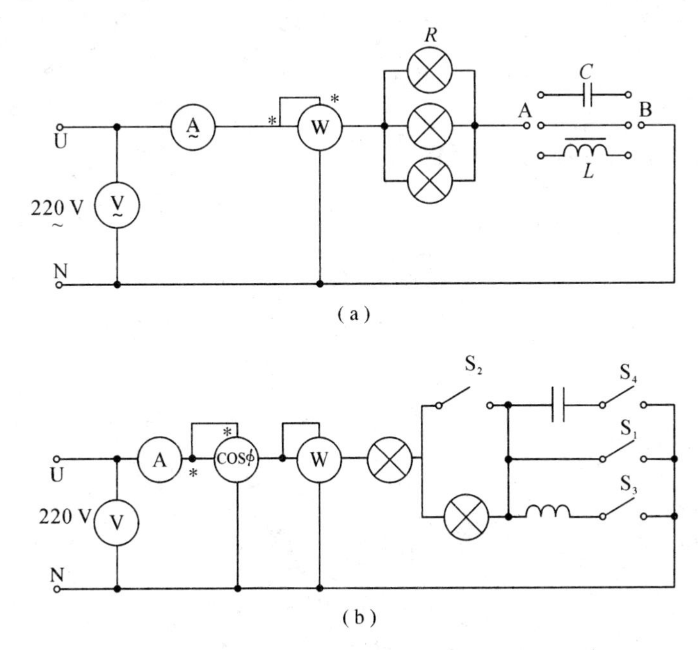

图 2-12-2　电路功率和功率因数的测定电路

表 2-12-1

A、B间	U/V	U_R/V	U_L/V	U_C/V	I/A	P/W	$\cos\phi$	负载性质
短接								
接入 C								
接入 L								
接入 L 和 C（并联）								

说明：C 为 4.7 μF、500 V，L 为 30 W 日光灯镇流器。

五、实验注意事项

每次改接线路都必须先断开电源。

六、预习思考题

根据电路理论，分析图 2-12-1 检测相序的原理。

七、实验报告

（1）简述实验线路的相序检测原理。

（2）根据电压表、电流表、功率表三表测定的数据，计算出 $\cos\phi$，并与功率因数表的读数比较，分析误差原因。

（3）分析负载性质与 $\cos\phi$ 的关系。

（4）心得体会及其他。

第三部分　电工技术设计和研究性实验

实验一　二阶动态电路响应的研究

一、实验目的

(1) 学习用实验的方法来研究二阶动态电路的响应，了解电路元件参数对响应的影响。

(2) 观察、分析二阶电路响应的三种状态轨迹及其特点，以加深对二阶电路响应的认识与理解。

二、实验设备

序号	名　　称	型号与规格	数量	备注
1	脉冲信号发生器	任意型号	1	
2	双踪示波器	任意型号	1	
3	动态电路实验板		1	

三、实验内容

动态电路实验板与实验九的相同(如图 2-9-2 所示)，如图 3-1-1 所示。利用动态电路实验板中的元件与开关的配合作用，组成如图 3-1-1 所示的 RLC 并联电路。

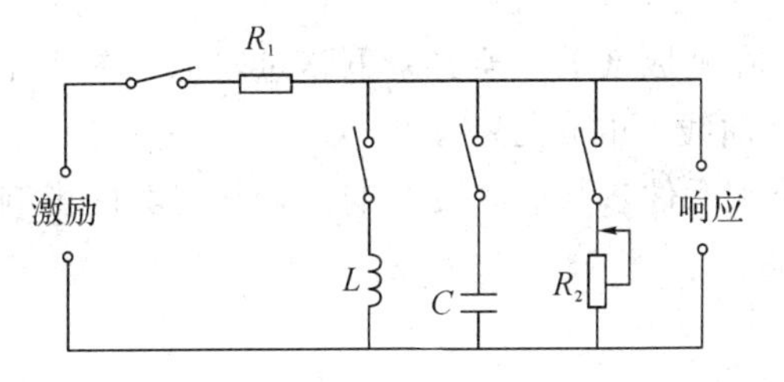

图 3-1-1　RLC 并联电路

令 $R_1=10\ \text{k}\Omega$，$L=4.7\ \text{mH}$，$C=1000\ \text{pF}$，R_2 为 10 kΩ 可调电阻，令脉冲信号发生器的输出为 $U_m=1\ \text{V}$、$f=1\ \text{kHz}$ 的方波脉冲，通过同轴电缆接至图 3-1-1 中的激励端，同时用同轴电缆将激励端和响应输出接至双踪示波器的 Y_A 和 Y_B 两个输入口。

(1) 调节可变电阻器 R_2 之值，观察二阶电路的零输入响应和零状态响应由过阻尼过渡到临界阻尼、最后过渡到欠阻尼的变化过渡过程，分别定性地描绘、记录响应的典型变化波形。

(2) 调节 R_2 使示波器荧光屏上呈现稳定的欠阻尼响应波形，定量测定此时电路的衰减常数 α 和振荡频率 ω_d。

(3) 改变一组电路参数，如增减 L 或 C 之值，重复步骤(2)的测量，并作记录。随后仔细观察，改变电路参数时，ω_d 与 α 的变化趋势，并作记录，记入表 3-1-1。

表 3－1－1

序　号	实验参数				测量值	
	R_1	R_2	L	C	α	ω_d
1	10 kΩ	调至某一欠阻尼态	4.7 mH	1000 pF		
2	10 kΩ		4.7 mH	0.01 μF		
3	30 kΩ		4.7 mH	0.01 μF		
4	10 kΩ		10 mH	0.01 μF		

四、实验注意事项

（1）调节 R_2时，要细心、缓慢，临界阻尼要找准。

（2）观察双踪示波器时，显示要稳定，如不同步，则可采用外同步法（可参考示波器说明书）触发。

五、预习思考题

（1）根据二阶电路实验电路各元件的参数，计算出处于临界阻尼状态的 R_2之值。

（2）在示波器荧光屏上，如何测得二阶电路零输入响应欠阻尼状态的衰减常数 α 和振荡频率 ω_d？

六、实验报告

（1）根据观测结果，在坐标纸上描绘二阶电路过阻尼、临界阻尼和欠阻尼的响应波形。

（2）测算欠阻尼振荡曲线上的 α 与 ω_d。

（3）归纳、总结电路和元件参数的改变对响应变化趋势的影响。

（4）心得体会及其他。

实验二　RLC 串联谐振电路的研究

一、实验目的

(1) 学习用实验方法绘制 RLC 串联电路的幅频特性曲线。

(2) 加深理解电路发生谐振的条件及特点，掌握电路品质因数 Q 的物理意义及其测定方法。

二、原理说明

(1) 在图 3-2-1 所示的 RLC 串联电路中，当正弦交流信号源的频率 f 改变时，电路中的感抗、容抗随之而变，电路中的电流也随 f 而变。

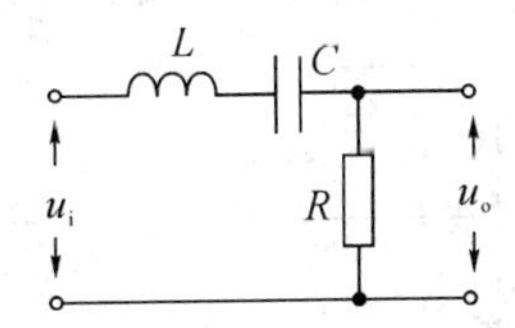

图 3-2-1　RLC 串联电路

取电阻 R 上的电压 u_o 作为响应，当输入电压 u_i 的幅值维持不变时，在不同频率的信号激励下，测出 U_o 之值，然后以 f 为横坐标，以 U_o/U_i 为纵坐标(因 U_i 不变，故也可直接以 U_o 为纵坐标)，绘出光滑的曲线，此即为幅频特性曲线，亦称谐振曲线，如图 3-2-2 所示。

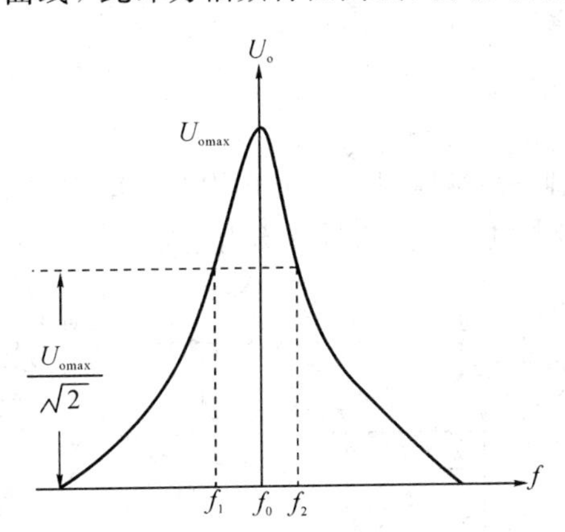

图 3-2-2　幅频特性曲线

(2) 在 $f=f_0=\dfrac{1}{2\pi\sqrt{LC}}$ 处，即幅频特性曲线尖峰所在点的频率称为谐振频率。此时 $X_L=X_C$，电路呈纯阻性，电路阻抗的模为最小。在输入电压 U_i 为定值时，电路中的电流达到最大值，且与输入电压 U_i 同相位。从理论上讲，此时 $U_i=U_R=U_o$，$U_L=U_C=QU_i$，式中的 Q 称为电路的品质因数。

(3) 电路品质因数 Q 值的两种测量方法。一是根据公式 $Q=\dfrac{U_L}{U_o}=\dfrac{U_C}{U_o}$ 测定，U_C 与 U_L 分

别为谐振时电容器 C 和电感线圈 L 上的电压。另一方法是通过测量谐振曲线的通频带宽度 $\Delta f=f_2-f_1$，再根据 $Q=\frac{f_0}{f_2-f_1}$ 求出 Q 值。式中 f_0 为谐振频率，f_2 和 f_1 是失谐时，亦即输出电压的幅度下降到最大值的 $1/\sqrt{2}$（$=0.707$）倍时的上、下频率。Q 值越大，曲线越尖锐，通频带越窄，电路的选择性越好。在恒压源供电时，电路的品质因数、选择性与通频带只取决于电路本身的参数，而与信号源无关。

三、实验设备

序号	名　称	型号与规格	数量	备注
1	低频函数信号发生器		1	
2	交流毫伏表	0～600 V	1	
3	双踪示波器		1	
4	频率计		1	
5	谐振电路实验电路板	$R=200\ \Omega$、$1\ \text{k}\Omega$， $C=0.01\ \mu\text{F}$、$0.1\ \mu\text{F}$， $L\approx 30\ \text{mH}$		

四、实验内容

(1) 按图 3-2-3 组成监视、测量电路。先选用 $C=0.01\ \mu\text{F}$、$R=200\ \Omega$。用交流毫伏表测电压，用示波器监视信号源输出。令信号源输出电压 $U_i=4U_{P-P}$，并保持不变。

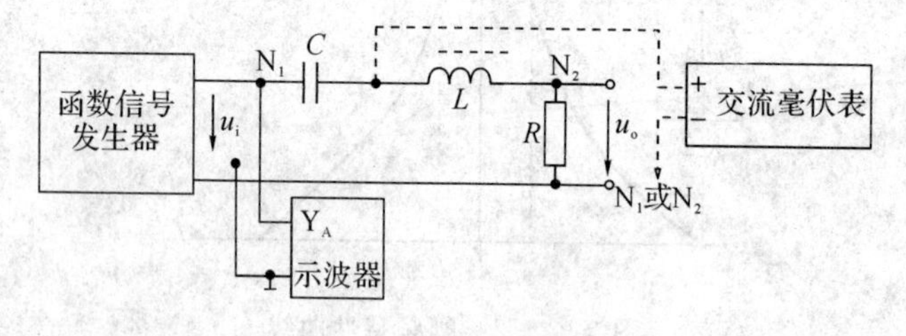

图 3-2-3　监视、测量电路

(2) 找出电路的谐振频率 f_0，其方法是：将毫伏表接在 R(200 Ω)两端，令信号源的频率由小逐渐变大(注意要维持信号源的输出幅度不变)，当 U_o 的读数为最大时，读得频率计上的频率值即为电路的谐振频率 f_0，并测量 U_C 与 U_L 之值(注意及时更换毫伏表的量程)。

(3) 在谐振点两侧，按频率递增或递减 500 Hz 或 1 kHz，依次各取 8 个测量点，逐点测出 U_o、U_L、U_C 之值，记入数据表格表 3-2-1 中。

表 3-2-1

f/kHz														
U_o/V														
U_L/V														
U_C/V														
$U_i=4U_{P-P}$，　$C=0.01\ \mu F$，　$R=200\ \Omega$，　$f_0=$　　，　$f_2-f_1=$　　，　$Q=$														

(4) 将电阻改为 $R=1\ k\Omega$，重复步骤(2)、(3)的测量过程。测量数据记入表3-2-2中。

表 3-2-2

f/kHz														
U_o/V														
U_L/V														
U_C/V														
$U_i=4U_{P-P}$，　$C=0.01\ \mu F$，　$R=1\ k\Omega$，　$f_0=$　　，　$f_2-f_1=$　　，　$Q=$														

(5) 选 $C=0.01\ \mu F$，重复(2)～(4)的测量，并将数据填入自制表格中。

五、实验注意事项

(1) 测试频率点的选择应在靠近谐振频率附近多取几点。在变换频率测试前，应调整信号输出幅度(用示波器监视输出幅度)，使其维持在 3 V。

(2) 测量 U_C 和 U_L 数值前，应将毫伏表的量程改大，而且在测量 U_L 与 U_C 时毫伏表的"+"端应接 C 与 L 的公共点，其接地端应分别触及 L 和 C 的近地端 N_2 和 N_1。

(3) 实验中，信号源的外壳应与毫伏表的外壳绝缘(不共地)。如能用浮地式交流毫伏表测量，则效果更佳。

六、预习思考题

(1) 根据实验线路板给出的元件参数值，估算电路的谐振频率。

(2) 改变电路的哪些参数可以使电路发生谐振？电路中 R 的数值是否影响谐振频率值？

(3) 如何判别电路是否发生谐振？测试谐振点的方案有哪些？

(4) 电路发生串联谐振时，为什么输入电压不能太大，如果信号源给出 3 V 的电压，电路谐振时，用交流毫伏表测 U_L 和 U_C，应该选择用多大的量程？

(5) 要提高 RLC 串联电路的品质因数，电路参数应如何改变？

(6) 本实验在谐振时，对应的 U_L 与 U_C 是否相等？如有差异，原因是什么？

七、实验报告

(1) 根据测量数据，绘出不同 Q 值时三条幅频特性曲线，即 $U_o=\Phi(f)$，$U_L=\Phi(f)$，$U_C=\Phi(f)$。

(2) 计算出通频带与 Q 值，说明不同 R 值时对电路通频带与品质因数的影响。

(3) 对两种不同的测 Q 值的方法进行比较，分析误差原因。

(4) 谐振时，输出电压 U_o 与输入电压 U_i 是否相等？试分析原因。

(5) 总结、归纳串联谐振电路的特性。

(6) 心得体会及其他。

实验三　正弦稳态交流电路相量的研究

一、实验目的

（1）研究正弦稳态交流电路中电压、电流相量之间的关系。

（2）掌握日光灯线路的接线。

（3）理解改善电路功率因数的意义并掌握其方法。

二、原理说明

（1）在单相正弦交流电路中，用交流电流表测得各支路的电流值，用交流电压表测得回路各元件两端的电压值，它们之间的关系满足相量形式的基尔霍夫定律，即

$$\sum I=0 \text{ 和} \sum U=0$$

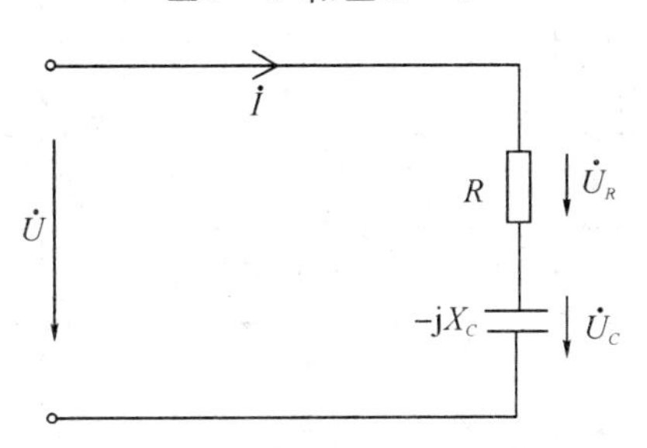

图 3-3-1　单相正弦交流电路

（2）图 3-3-1 所示的 RC 串联电路，在正弦稳态信号 U 的激励下，U_R 与 U_C 保持有 90°的相位差，即当 R 阻值改变时，U_R 的相量轨迹是一个半圆。U、U_C 与 U_R 三者形成一个直角形的电压三角形，如图 3-3-2 所示。

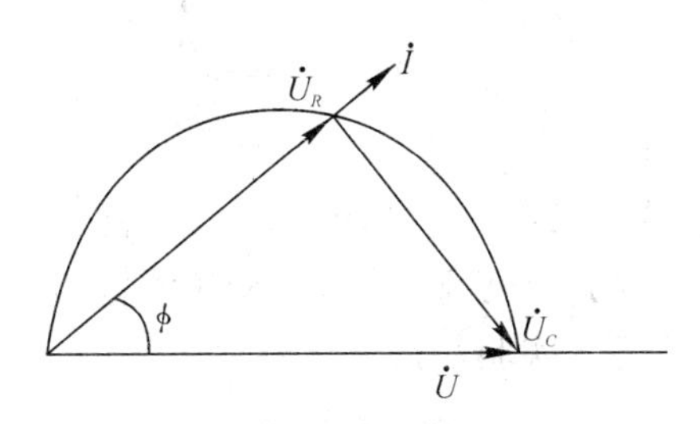

图 3-3-2　电压三角形

R 值改变时，可改变 ϕ 角的大小，从而达到移相的目的。

（3）日光灯线路如图 3-3-3 所示，图中 A 是日光灯管，L 是镇流器，S 是启辉器，C 是补偿电容器，用以改善电路的功率因数（$\cos\phi$ 值）。

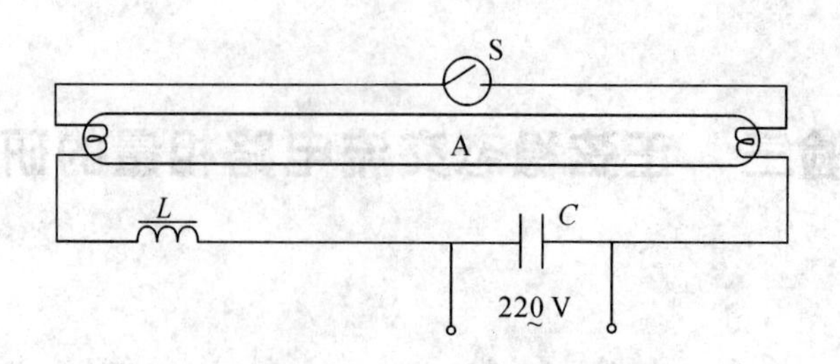

图 3-3-3 日光灯线路

有关日光灯的工作原理请自行翻阅有关资料。

三、实验设备

序号	名 称	型号与规格	数量	备注
1	交流电压表	0～500 V	1	
2	交流电流表	0～5 A	1	
3	功率表		1	
4	自耦调压器		1	
5	镇流器、启辉器	与 30 W 灯管配用	各 1	HE—16
6	日光灯灯管	30 W	1	屏内
7	电容器	1 μF，2.2 μF，4.7 μF/500 V	各 1	HE—16
8	白炽灯及灯座	220 V、25 W	1～3	HE—17
9	电流插座		3	屏上

四、实验内容

(1) 按图 3-3-1 接线。R 为 220 V、25 W 的白炽灯泡，电容器为 4.7 μF、500 V。

经指导教师检查后，接通实验台电源，将自耦调压器输出(即 U)调至 220 V。记录 U、U_R、U_C 值，验证电压三角形关系。实验数据记入表 3-3-1。

表 3-3-1

测 量 值			计 算 值		
U/V	U_R/V	U_C/V	U'(与 U_R、U_C 组成直角三角形) ($U'=\sqrt{U_R^2+U_C^2}$)	$\Delta U=U'-U$ /V	$\Delta U/U$(%)

(2) 日光灯线路接线与测量。

利用 HE—16 实验箱中“30 W 日光灯实验器件”，按图 3-3-4 接线。经指导教师检查后接通实验台电源，调节自耦调压器的输出，使其输出电压缓慢增大，直到日光灯刚启辉点亮为止，记下三表的指示值。然后将电压调至 220 V，测量功率 P、电流 I、电压 U、U_L、U_A等值，验证电压、电流相量关系。实验数据记入表 3-3-2。

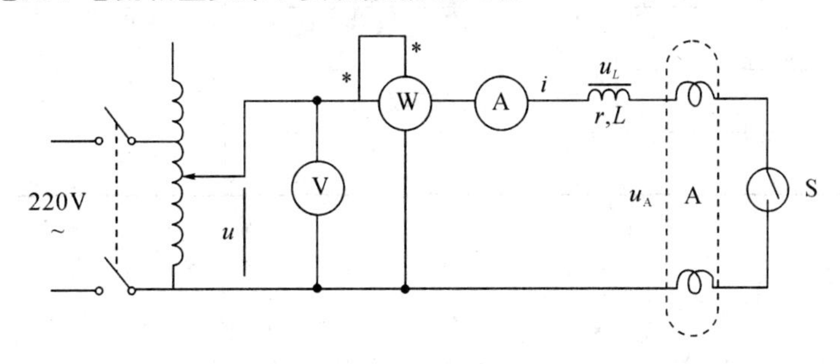

图 3-3-4　日光灯实验电路

表 3-3-2

	测　量　数　值						计算值	
	P/W	cosϕ	I/A	U/V	U_L/V	U_A/V	r/Ω	cosϕ
启辉值								
正常工作值								

(3) 并联电路电路功率因数的改善。

利用主屏上的电流插座，按图 3-3-5 组成实验线路。

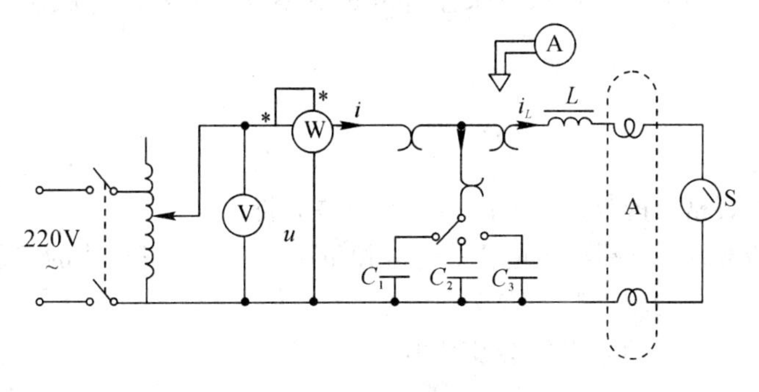

图 3-3-5　电路功率因数的改善电路

经指导老师检查后，接通实验台电源，将自耦调压器的输出调至 220 V，记录功率表、电压表的读数。通过一只电流表和三个电流插座分别测得三条支路的电流，改变电容值，进行三次重复测量。数据记入表 3-3-3。

表 3-3-3

电容值/μF	测量数值						计算值
	P/W	$\cos\phi$	U/V	I/A	I_L/A	I_C/A	$\cos\phi$
0							
1							
2.2							
4.7							

五、实验注意事项

(1) 本实验采用交流市电 220 V，实验过程中务必注意安全。

(2) 功率表要正确接入电路，读数时要注意量程和实际读数的折算关系。

(3) 保证线路接线正确，日光灯不能启辉时，应检查启辉器及其接触是否良好。

六、预习思考题

(1) 参阅课外资料，了解日光灯的启辉原理。

(2) 在日常生活中，当日光灯上缺少了启辉器时，人们常用一根导线将启辉器的两端短接一下，然后迅速断开，使日光灯点亮；或用一只启辉器去点亮多只同类型的日光灯，这是为什么？(HE—16 实验箱上有短接按钮，可用它代替启辉器做一下试验。)

(3) 为了提高电路的功率因数，常在感性负载上并联电容器，此时增加了一条电流支路，试问电路的总电流是增大还是减小？此时感性元件上的电流和功率是否改变？

(4) 提高电路功率因数为什么只采用并联电容器法，而不用串联法？所并的电容器是否越大越好？

七、实验报告

(1) 完成数据表格中的计算，进行必要的误差分析。

(2) 根据实验数据，分别绘出电压、电流相量图，验证相量形式的基尔霍夫定律。

(3) 讨论改善电路功率因数的意义和方法。

(4) 装接日光灯线路的心得体会及其他。

实验四　RC 选频网络特性测试与研究

一、实验目的

(1) 熟悉文氏电桥电路和 RC 双 T 电路的结构特点及其应用。

(2) 学会用交流毫伏表和示波器测定以上两种电路的幅频特性和相频特性。

二、原理说明

1. 文氏电桥电路

文氏电桥电路是一个 RC 的串并联电路，如图 3－4－1 所示。该电路结构简单，被广泛用于低频振荡电路中的选频环节，可以获得很高纯度的正弦波电压。

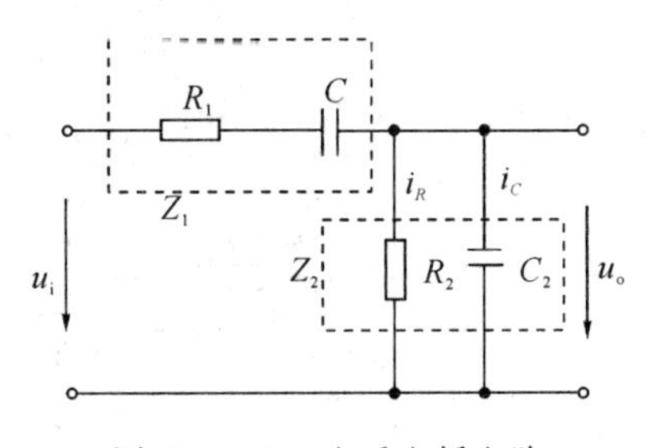

图 3－4－1　文氏电桥电路

用函数信号发生器的正弦输出信号作为图 3－4－1 的激励信号 u_i，并保持 u_i 值不变的情况下，改变输入信号的频率 f，用交流毫伏表或示波器测出输出端相应于各个频率点下的输出电压 U_o 值，将这些数据画在以频率 f 为横轴、U_o/U_i 为纵轴的坐标纸上，用一条光滑的曲线连接这些点，该曲线就是上述电路的幅频特性曲线。

文氏电桥电路的一个特点是其输出电压幅度不仅会随输入信号的频率而变，而且还会出现一个与输入电压同相位的最大值，文氏电桥电路的幅频特性曲线如图 3－4－2(a) 所示。

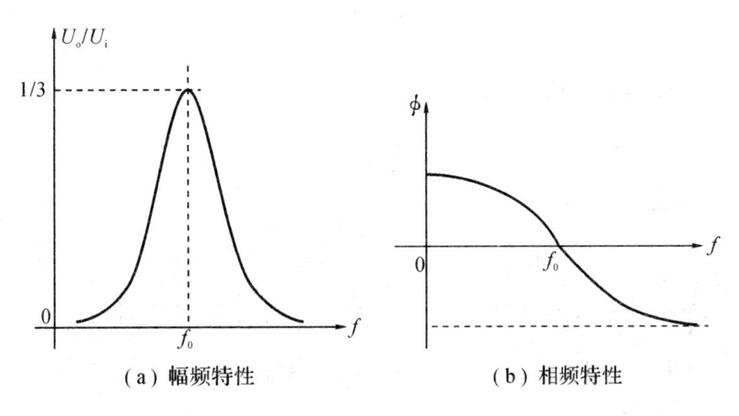

(a) 幅频特性　　(b) 相频特性

图 3－4－2　文氏电桥电路的频率特性曲线

由电路分析得知，该电路的传递函数为

$$\beta=\frac{1}{3+\mathrm{j}(\omega RC-1/\omega RC)}$$

当角频率 $\omega=\omega_0=\frac{1}{RC}$时，$|\beta|=\frac{u_o}{u_i}=\frac{1}{3}$，此时 u_o与 u_i同相。由图 3-4-2 可见，RC 串并联电路具有带通特性。

将上述电路的输入和输出分别接到双踪示波器的 Y_A 和 Y_B 两个输入端，改变输入正弦信号的频率，观测相应的输入和输出波形间的时延 τ 及信号的周期 T，则两波形间的相位差为 $\phi=\frac{\tau}{T}\times360^\circ=\phi_o-\phi_i$（输出相位与输入相位之差）。

将各个不同频率下的相位差 ϕ 画在以 f 为横轴、ϕ 为纵轴的坐标纸上，用光滑的曲线将这些点连接起来，即为被测电路的相频特性曲线，如图 3-4-2(b)所示。

由电路分析可知，当 $\omega=\omega_0=\frac{1}{RC}$，即 $f=f_0=\frac{1}{2\pi RC}$时，$\phi=0$，即 u_o与 u_i同相位。

2. RC 双 T 电路

RC 双 T 电路如图 3-4-3 所示。

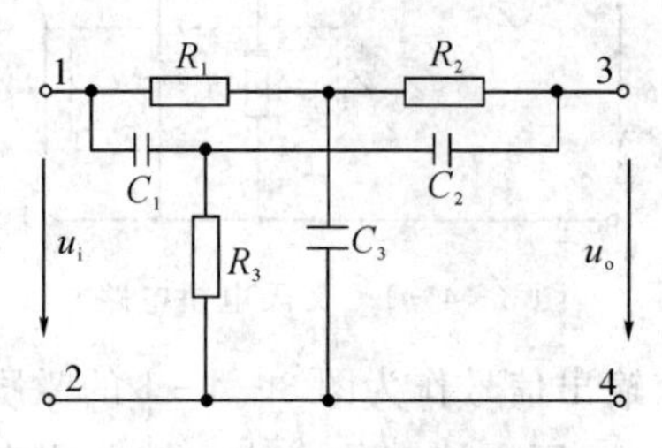

图 3-4-3　RC 双 T 电路

由电路分析可知，双 T 网络零输出的条件为

$$\frac{1}{R_1}+\frac{1}{R_2}=\frac{1}{R_3},\ C_1+C_2=C_3$$

若选 $R_1=R_2=R$、$C_1=C_2=C$，则有

$$R_3=\frac{R}{2},\ C_3=2C$$

该双 T 电路的频率特性为（令 $\omega_0=\frac{1}{RC}$）

$$F(\omega)=\frac{\frac{1}{2}\left(R+\frac{1}{\mathrm{j}\omega C}\right)}{\frac{2R(1+\mathrm{j}\omega RC)}{1-\omega^2R^2C^2}+\frac{1}{2}\left(R+\frac{1}{\mathrm{j}\omega C}\right)}=\frac{1-\left(\frac{\omega}{\omega_0}\right)^2}{1-\left(\frac{\omega}{\omega_0}\right)^2+\mathrm{j}4\frac{\omega}{\omega_0}}$$

当 $\omega=\omega_0=\frac{1}{RC}$时，输出幅值等于 0，相频特性呈现$\pm90^\circ$的突跳。

参照文氏电桥电路的做法，也可画出 RC 双 T 电路的幅频和相频特性曲线，分别如图 3-4-4和图 3-4-5 所示。

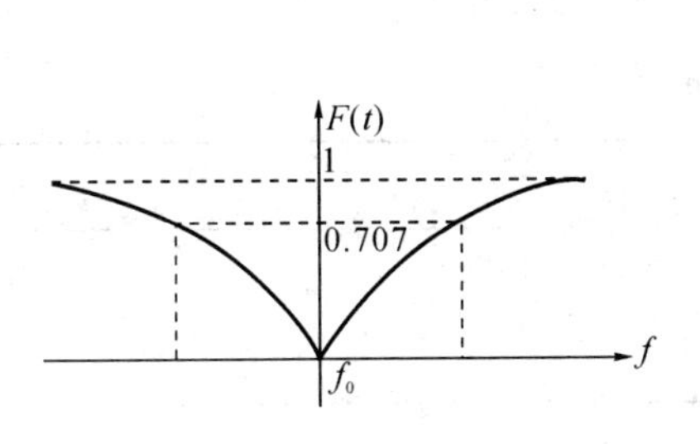

图 3-4-4　RC 双 T 电路的幅频特性曲线

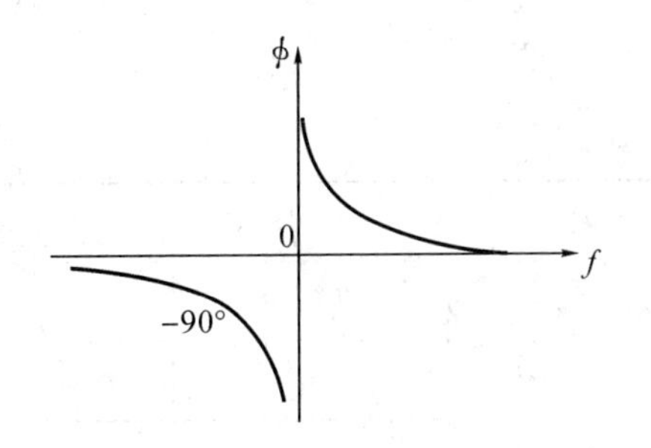

图 3-4-5　RC 双 T 电路的相频特性曲线

由图 3-4-4 可见，RC 双 T 电路具有带阻特性。

三、实验设备

序号	名　　称	型号与规格	数量	备　注
1	函数信号发生器及频率计		1	DG03
2	双踪示波器		1	自备
3	交流毫伏表	0～600 V	1	
4	RC 选频网络实验板		1	DG07

四、实验内容与步骤

（1）测量文氏电桥电路的幅频特性。

① 利用 DG07 挂箱上“RC 串、并联选频网络”线路，组成图 3-4-1 所示电路。取 R=1 kΩ、C=0.1 μF。

② 调节信号源输出电压为 3 V 的正弦信号，接入图 3-4-1 的输入端。

③ 改变信号源的频率 f（由频率计读得），并保持 U_i=3 V 不变，测量输出电压 U_o（可先测量 β=1/3 时的频率 f_0，然后再在 f_0 左右设置其他频率点测量）。测量数据记入表3-4-1。

④ 取 R=200 Ω、C=2.2 μF，重复上述测量步骤。

表 3-4-1

R=1 kΩ，C=0.1 μF	f/Hz	
	U_o/V	
R=200 Ω，C=2.2 μF	f/Hz	
	U_o/V	

（2）测量文氏电桥电路的相频特性。

将图 3-4-1 的输入 U_i 和输出 U_o 分别接至双踪示波器的 Y_A 和 Y_B 两个输入端，改变输入正弦信号的频率，观测不同频率点时相应的输入与输出波形间的时延 τ 及信号的周期 T。

两波形间的相位差为：$\phi=\phi_o-\phi_i=\frac{\tau}{T}\times360°$。实验数据记入表 3-4-2。

表 3-4-2

R=1 kΩ， C=0.1 μF	f/Hz	
	T/ms	
	τ/ms	
	ϕ	
R=200 Ω， C=2.2 μF	f/Hz	
	T/ms	
	τ/ms	
	ϕ	

(3) 测量 RC 双 T 电路的幅频特性(参照步骤(1))。

(4) 测量 RC 双 T 电路的相频特性(参照步骤(2))。

五、实验注意事项

由于信号源内阻的影响，输出幅度会随信号频率变化。因此，在调节输出频率时，应同时调节输出幅度，使实验电路的输入电压保持不变。

六、预习思考题

(1) 根据电路参数，分别估算 RC 双 T 电路和文氏电桥电路在两组不同参数下的固有频率 f_0。

(2) 推导 RC 串并联电路的幅频、相频特性的数学表达式。

七、实验报告

(1) 根据实验数据，绘制两种电路的幅频特性和相频特性曲线。找出 f_0，并与理论计算值比较，分析误差原因。

(2) 讨论实验结果。

(3) 心得体会及其他。

实验五　互感电路研究

一、实验目的

(1) 学会互感电路同名端、互感系数以及耦合系数的测定方法。

(2) 研究和理解两个线圈相对位置的改变以及用不同材料作线圈芯时对互感的影响。

二、原理说明

1. 判断互感线圈同名端的方法

1) 直流法

直流法判断互感线圈同名端的电路如图 3-5-1 所示，当开关 S 闭合瞬间，若毫安表的指针正偏，则可断定 1、3 为同名端；指针反偏，则 1、4 为同名端。

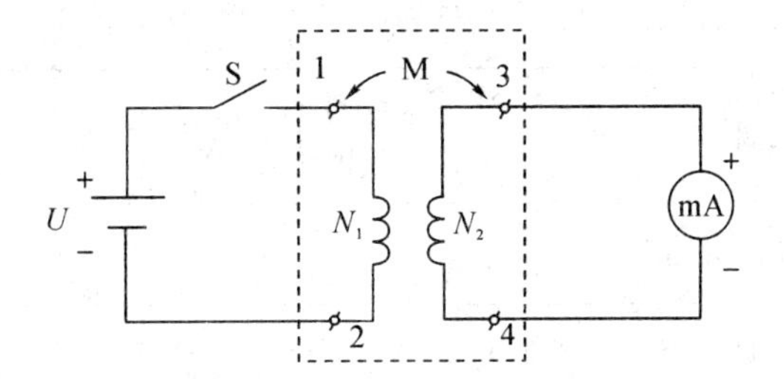

图 3-5-1　判断互感线圈同名端的电路

2) 交流法

交流法判断互感线圈同名端的电路如图 3-5-2 所示，将两个绕组 N_1 和 N_2 的任意两端(如 2、4 端)连在一起，在其中的一个绕组(如 N_1)两端加一个低电压，另一绕组(如 N_2)开路，用交流电压表分别测出端电压 U_{13}、U_{12} 和 U_{34}。若 U_{13} 是两个绕组端压之差，则 1、3 是同名端；若 U_{13} 是两绕组端电压之和，则 1、4 是同名端。

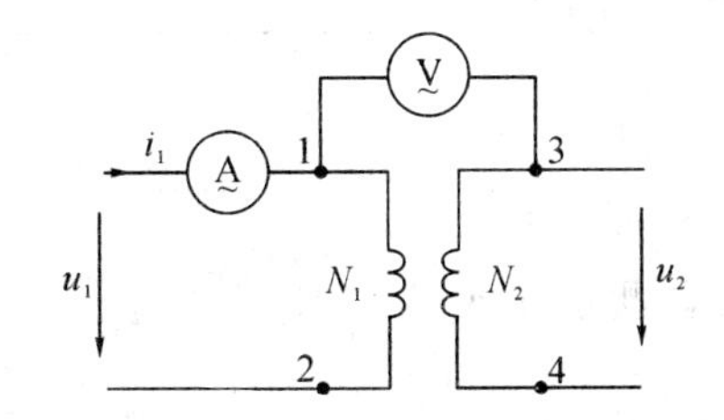

图 3-5-2　交流法判断互感线圈同名端的电路

2. 两线圈互感系数 *M* 的测定

在图 3-5-1 的 N_1 侧施加低压交流电压 U_1，测出 I_1 及 U_2。根据互感电势 $E_{2M} \approx U_{2o} = \omega M I_1$，可算得互感系数为 $M = U_2/\omega I_1$。

3. 耦合系数 k 的测定

两个互感线圈耦合松紧的程度可用耦合系数 k 来表示

$$k=\frac{M}{\sqrt{L_1 L_2}}$$

如图 3-5-2 所示，先在 N_1侧加低压交流电压 U_1，测出 N_2侧开路时的电流 I_1；然后再在 N_2侧加电压 U_2，测出 N_1侧开路时的电流 I_2，求出各自的自感 L_1和 L_2，即可算得 k 值。

三、实验设备

序号	名　称	型号与规格	数量	备注
1	数字直流电压表	0～200 V	1	
2	数字直流电流表	0～200 mA	2	
3	交流电压表	0～500 V	1	
4	交流电流表	0～5 A	1	
5	空心互感线圈	N_1为大线圈 N_2为小线圈	1 对	
6	自耦调压器		1	
7	直流稳压电源	0～30 V	1	
8	电阻器	30 Ω/8 W 510 Ω/2 W	各 1	
9	发光二极管	红或绿	1	
10	粗、细铁棒、铝棒		各 1	
11	变压器	36 V/220 V	1	

四、实验内容

(1) 分别用直流法和交流法测定互感线圈的同名端。

① 直流法。

实验线路如图 3-5-3 所示。先将 N_1和 N_2 两线圈的四个接线端子编以 1、2 和 3、4 号。将 N_1、N_2同心地套在一起，并放入细铁棒。U 为可调直流稳压电源，调至 10 V。流过 N_1侧的电流不可超过 0.4 A(选用 5 A 量程的数字电流表)。N_2侧直接接入 2 mA 量程的毫安表。将铁棒迅速地拔出和插入，观察毫安表读数正、负的变化，以此来判定 N_1和 N_2两个线圈的同名端。

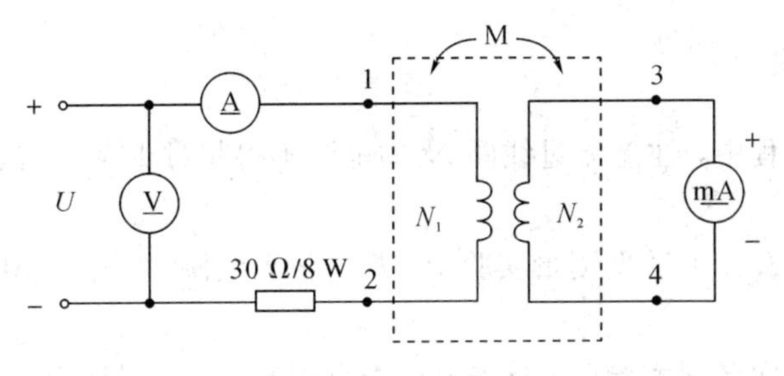

图 3－5－3　实验线路

② 交流法。

本方法中，由于加在 N_1 上的电压仅 2 V 左右，直接用屏内调压器很难调节，因此采用图 3－5－4 的线路来扩展调压器的调节范围。图中 W、N 为主屏上的自耦调压器的输出端，B 为实验挂箱中的升压铁芯变压器，此处作降压用。将 N_2 放入 N_1 中，并在两线圈中插入铁棒。Ⓐ为 2.5 A 以上量程的交流电流表，N_2 侧开路。

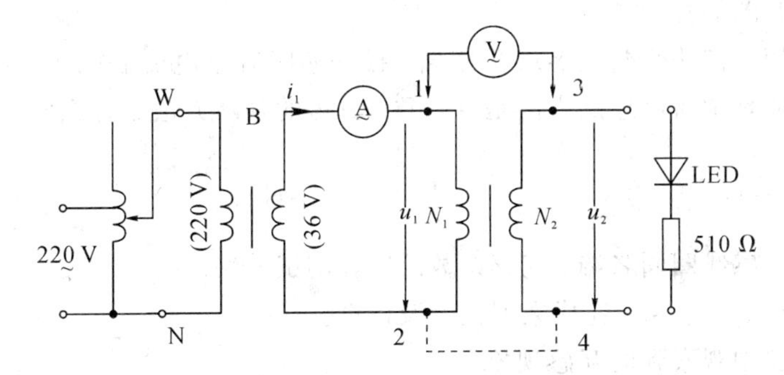

图 3－5－4　调压器实验线路

接通电源前，应首先检查自耦调压器是否调至零位，确认后方可接通交流电源，令自耦调压器输出一个很低的电压(约 12 V 左右)，使流过电流表的电流小于 1.4 A，然后用 0～30 V量程的交流电压表测量 U_{13}、U_{12}、U_{34}，判定同名端。

拆去 2、4 连线，并将 2、3 相接，重复上述步骤，判定同名端。

(2) 测定互感系数。

拆除 2、3 连线，测 U_1、I_1、U_2，计算出 M。

(3) 测定耦合系数。

将低压交流加在 N_2 侧，使流过 N_2 侧电流小于 1 A，N_1 侧开路，按步骤(2)测出 U_2、I_2、U_1。

用万用表的 $R\times1$ 挡分别测出 N_1 和 N_2 线圈的电阻值 R_1 和 R_2，计算 k 值。

(4) 观察互感现象。

在图 3－5－4 的 N_2 侧接入 LED 发光二极管与 510 Ω 串联的支路。

① 将铁棒慢慢地从两线圈中抽出和插入，观察 LED 亮度的变化及各表读数的变化，记录现象。

② 将两线圈改为并排放置，并改变其间距，分别分次和同时插入铁棒，观察 LED 亮度的变化及仪表读数。

③ 改用铝棒替代铁棒，重复①、②的步骤，观察 LED 的亮度变化，记录现象。

五、实验注意事项

(1) 整个实验过程中，注意流过线圈 N_1 的电流不得超过 1.4 A，流过线圈 N_2 的电流不得超过 1 A。

(2) 测定同名端及其他数据测量实验中，都应将大线圈 N_1 套在小线圈 N_2 外，并在 N_2 内插入铁芯。

(3) 交流法判断同名端实验前，首先要检查自耦调压器，保证手柄置在零位。因实验时加在 N_1 上的电压只有 2～3 V 左右，因此调节时要特别仔细、小心，要随时观察电流表的读数，不得超过规定值。

六、预习思考题

(1) 用直流法判断同名端时，可否根据 S 断开瞬间毫安表指针的正、反偏来判断同名端？具体是如何判断的？

(2) 本实验用直流法判断同名端是用插、拔铁芯时观察电流表的正、负读数变化来确定的，这与实验原理中所叙述的方法是否一致？具体的判断方法是什么？

七、实验报告

(1) 总结对互感线圈同名端、互感系数的实验测试方法。

(2) 自拟测试数据表格，完成数据记录及计算。

(3) 解释实验中观察到的互感现象。

(4) 心得体会及其他。

参考文献

[1] 秦曾煌. 电工技术. 6版. 北京：高等教育出版社，2004.
[2] 王萍，林孔元. 电工学实验教程. 北京：高等教育出版社，2006.
[3] 李彩萍. 电路原理实践教材. 北京：高等教育出版社，2008.
[4] 孙桂瑛，齐凤艳. 电路实验. 哈尔滨：哈尔滨工业大学出版社，2000.
[5] 潘岚. 电路与电子技术实验教程. 北京：高等教育出版社，2005.
[6] 徐学彬，李云胜. 电工技术实验教程. 成都：西南交通大学出版社，2007.
[7] 王英，曾欣荣. 电工技术实验. 成都：西南交通大学出版社，2004.
[8] 大连理工大学电工电子实验中心组. 电工技术实验教程. 大连：大连理工大学出版社，2005.
[9] 陆晋，褚南峰. 电工技术实验教程. 南京：东南大学出版社，2004.
[10] 王香婷. 电工技术与电子技术实验. 北京：高等教育出版社，2009.
[11] 唐庆玉. 电工技术与电子技术实验指导. 北京：清华大学出版社，2003.
[12] 襄樊学院. 电工技术实验指导书. 内部讲义. 2008.
[13] 李文联，李杨. 模拟电子技术实验. 西安：西安电子科技大学出版社，2015.
[14] 李杨，李文联. 电子工艺实训. 西安：西安电子科技大学出版社，2016.